商 科 类 专 业
AI 融合创新系列教材

和秋叶一起学

AIGC

应用实战

慕课版

秋叶◎丛书主编

王北一 蒙志明◎主编　李昉◎副主编

人民邮电出版社

北 京

图书在版编目（CIP）数据

AIGC 应用实战：慕课版 / 王北一，蒙志明主编.
北京：人民邮电出版社，2024. --（商科类专业 AI 融合
创新系列教材）. -- ISBN 978-7-115-65657-5

Ⅰ. TP18

中国国家版本馆 CIP 数据核字第 2024HD0572 号

内 容 提 要

随着计算机技术的持续突破，人工智能生成内容（AIGC）应运而生，显示出其在内容创作领域的巨大潜力。本书深入浅出地探讨了 AIGC 的理论基础、实践应用与发展前瞻，是技术与创新并重的专业指南。本书主要内容包括 AIGC 概述、AIGC 工具与应用，重点介绍了写作类、图表类、演示文稿类、图像类、音乐类及视频类 AIGC 工具的实操技巧，旨在为读者提供一条清晰的学习与应用路径。

本书内容前沿，案例翔实，不仅适合作为高等院校人工智能相关专业的教学参考书，也适合对 AIGC 感兴趣的研究人员、行业从业者，以及广大技术爱好者学习和参考。通过对本书的学习，读者将能够全面感知 AIGC 的潜力，掌握其应用技巧，进而在各自的领域中发挥 AIGC 的创新力量。

◆ 主　　编　王北一　蒙志明
　　副主编　李　昉
　　责任编辑　连震月
　　责任印制　王　郁　彭志环
◆ 人民邮电出版社出版发行　　　北京市丰台区成寿寺路 11 号
　　邮编　100164　　电子邮件　315@ptpress.com.cn
　　网址　https://www.ptpress.com.cn
　　北京市艺辉印刷有限公司印刷
◆ 开本：787×1092　1/16
　　印张：11.5　　　　　　　　　　2024 年 12 月第 1 版
　　字数：231 千字　　　　　　　　2025 年 3 月北京第 4 次印刷

定价：49.80 元

读者服务热线：(010)81055256　印装质量热线：(010)81055316
反盗版热线：(010)81055315
广告经营许可证：京东市监广登字 20170147 号

编写背景

在数字化浪潮的推动下，人工智能领域不断推陈出新。其中 AIGC 是一种模拟人类的创造力，生成包括文本、图像、音频和视频在内的各种内容形式的创新技术。在这一技术的辅助下，无论是专业创作者还是普通用户都能充分释放自己的创意潜能，创造出独一无二的数字作品。而通过这种独特的创造力和内容生成的高效性，AIGC 也在众多领域发挥出巨大的作用，引领艺术创作、教育、金融甚至医疗等行业的创新与发展。

面对变革，学习并掌握新技术与新工具永远是不落后于时代的必要之举。可以说，掌握了 AIGC 就掌握了通往未来内容创作的金钥匙。如何熟悉技术原理，如何掌握工具功能，如何打磨应用技巧，如何提升自身的能力素养，都是 AIGC 对我们提出的挑战。

本书第 1 章集中介绍了 AIGC 的技术理论、发展历程、价值与发展趋势等基本知识；第 2 章介绍了常见的 AIGC 工具类型与应用方法；第 3 章至第 9 章分别介绍了不同类型的 AIGC 工具的实操技巧；第 10 章则介绍了如何在综合性的场景中应用 AIGC 解决问题。

编写特色

- 体系完善：本书全方位探讨了 AIGC 的基本概念、发展历程和价值潜力，并重点指导读者利用 AIGC 进行高效的内容创作。

- 注重应用：本书围绕各种类型的 AIGC 工具，通过大量的案例操作和分析，帮助读者轻松掌握各类工具的实操技巧。

- 图解教学：本书配有大量图片，以图文并茂的方式直观展示了知识点与应用技巧，帮助读者快速、轻松学习。

- 资源丰富：本书配有慕课视频，读者用手机扫描封面二维码即可在线观看。另外，本书还提供 PPT、教案、教学大纲、试卷等教学资源，用书教师可以登录人邮教育社区（www.ryjiaoyu.com）下载获取。

教学建议

本书适合作为高等院校及职业培训机构的 AIGC 实操教材，建议总学时为 32～48 学时。教学过程中宜搭配课堂实际操作、小组研讨、线上教学与线下教学相结合等教学方式。

编写组织

本书由王北一和蒙志明担任主编，由李昉担任副主编。在编写过程中，编者深入了解了 AIGC 的技术理论并体验了各类 AIGC 工具，广泛听取了领域内专家与从业者的意见与建议，对书中的细节进行了反复打磨，力求完美。尽管如此，书中仍难免存在疏漏与不足，还望读者批评指正！

编者

2024 年 8 月

PART 01

第 1 章
AIGC 概述 1

PART 03

第 3 章
写作类 AIGC 工具实操技巧 28

PART 02

第 2 章
AIGC 工具的选择与使用 11

目录

PART 01

第 1 章
AIGC 概述

学习目标

➤ 掌握 AI 与 AIGC 的概念。

➤ 了解 AIGC 的发展历程与发展趋势。

➤ 了解 AIGC 的重要价值。

素养目标

➤ 贯彻新发展理念，追求技术创新，利用技术推动社会进步。

➤ 培养社会责任感，确保 AIGC 的创新与应用服务于社会整体利益和公共利益。

　　在科技的浪潮中，新的技术不断涌现，人工智能（Artificial Intelligence，AI）与人工智能生成内容（Artificial Intelligence Generated Content，AIGC）的兴起，正悄然改变我们的世界。随着大数据、算法和算力的融合发展，AIGC 不仅成为科技创新领域的热点，更逐渐渗透到人们日常生活和工作的方方面面。

　　本章将走进 AIGC 的世界，一窥其定义、发展历程和价值，探讨 AIGC 如何赋能内容创作，提升生产效率，并改变人们的信息获取和交互方式。通过这一章的学习，我们将更好地理解 AIGC 的潜力与价值。

1.1 走近 AIGC

要想了解新事物，首先需要认识其概念的本质。AIGC 的概念可从定义与特点这两个主要方面进行阐释。

1.1.1 AI 与 AIGC 的定义

1. AI 的定义

读书识字、分析问题、创造艺术……这些推动人类社会发展的行为都有赖于一种重要的能力，那就是"智能"。智能是指生物具备的复杂认知、感知、理解、判断和决策能力，以及在此基础上进行有效学习和适应环境变化的能力。长期以来，智能都被认为是人类等高等动物具备的能力。而随着人们在科学领域的持续深入，"人造的智能"也悄然诞生。

AI 是一种模拟人类智能的技术和科学领域，旨在通过计算机程序和系统来模拟、延伸和扩展人的智能。AI 允许计算机系统识别模式、进行学习，并做出决策，以执行复杂的任务，甚至在某些方面超越人类的智能水平。

在现今的社会中，AI 已被广泛应用于许多不同的领域，包括工业、运输业、互联网、教育等。2016 年，谷歌旗下公司研发的人工智能程序 AlphaGo 首次亮相，并与世界围棋冠军、职业棋手李世石进行了一场具有历史意义的对弈，最终 AlphaGo 以 4∶1 的比分战胜李世石。这一案例可视为 AI 发展的一个有力证明。AlphaGo 的图标如图 1-1 所示。

图 1-1　AlphaGo 的图标

在长期发展中，AI 在内容创作领域方面也取得了长足进步。AIGC 的概念也悄然兴起。

2. AIGC 的定义

AIGC 是指利用 AI 自动生成原创内容的技术。它结合了自然语言处理、计算机视觉和深度学习等先进技术，能够模拟人类的创造力和想象力，生成包括文本、图像、音频和视频在内的各种形式的内容。

如果说 AI 是一个广泛的概念，涵盖了所有与其相关的技术和应用，那么 AIGC 则是 AI 在内容生成领域的一个具体应用，是指利用 AI 来生成新的内容。可以说 AIGC 是 AI 在内容生成领域的一个重要分支或发展方向。

曾经，内容创作一直是被人类掌握的创造活动。AIGC 的出现则冲击了这一固有认识。图 1-2 所示为运用 AIGC 生成的绘画作品《太空歌剧院》。

图 1-2　绘画作品《太空歌剧院》

这幅绘画作品因较高的质量获得了数字艺术类奖项。在包括绘画在内的许多艺术领域，AIGC 展现的水平已然让人们看到内容创作的方式正在变革。

1.1.2　AIGC 的技术理论简述

AIGC 的实现依赖于多种基础技术，这些技术共同构成了它的核心框架。下面选择 AIGC 主要依赖的几种基础技术进行简述。

1. 深度学习

深度学习（Deep Learning，DL）是一种基于人工神经网络的机器学习方法，其核心思想是通过多层次的神经网络模拟人脑神经元的工作方式，从而实现对复杂数据的学习和分析。在 AIGC 领域中，深度学习被广泛应用于模式识别、特征提取和数据表示等方面，为机器理解和生成文本、图像、音频等内容提供了强大的支持。

2. 自然语言处理

自然语言处理（Natural Language Processing，NLP）是研究如何让计算机理解、处理和生成人类自然语言的一门技术。在 AIGC 领域中，这门技术被用于理解和生成文本内容，为机器生成高质量文本提供了重要支持。

3. 计算机视觉

计算机视觉（Computer Vision）是使计算机能够解释和理解图像及视频的技术。在 AIGC 领域中，计算机视觉被用来生成和处理图像内容，涉及图像识别、目标检测、图像分割、风格迁移、图像生成等技术。正是这项技术让 AIGC 工具能生成逼真的艺术图像、照片、动画等。

4. 生成模型

生成模型（Generative Model）是一种能够从数据中学习并生成新样本的模型。生成模型在 AIGC 领域中往往扮演着核心角色。常见的生成模型包括变分自编码器（VAE）、生成对抗网络（GANs）和扩散模型（Diffusion Model）。这些模型能学习输入数据的分布，并据此生成新的、逼真的数据样本，如图像、文本或音频。

5. 优化算法

优化算法（Optimization Algorithm）是一种用于解决问题的数学方法。优化算法常被用来调整模型的参数，以便模型更好地完成任务，比如生成更准确的文本或图像。优化算法也可以帮助模型不断改进，以达到最佳的效果。

1.1.3 AIGC 的主要特点

AIGC 逐渐崭露头角，成为内容创作领域一股特别的新兴力量。它以其创新性、高效性、多样性和可扩展性等特点，为内容创作带来了革命性的变化。

1. 创新性

AIGC 的创新性体现在其能够利用先进的技术，特别是深度学习和生成模型等，生成全新的、具有创意的内容。

仅需根据文字指令，AIGC 工具就可以模仿人类的写作风格，生成可与人类媲美甚至超越人类的文章。例如，ChatGPT 等 AI 模型可以根据输入的关键词或主题自动生成文章段落，不仅能够快速产出大量内容，而且内容质量较高，具有一定的创意。这种创新性使得 AIGC 在新闻报道、文学创作等领域具有良好的应用前景。而在图像创作方面，AIGC 工具更是可以根据输入的描述或概念生成逼真的图像内容。这种图像生成技术在艺术创作、设计领域具有重要意义。而在视频、音乐等领域，AIGC 都能被用于进行独特的创造活动。

AIGC 的创新性在于它能够在学习人类作品的基础上，创造出全新的内容，而不是对人类已有内容进行简单的收集与整合。随着不断发展，AIGC 将在内容创作、艺术设计、广告营销等领域发挥越来越重要的作用，为人类的创意活动带来更多可能性。

2. 高效性

AIGC 最重要的一个特点在于可以快速生成大量内容，大大提高了内容创作的效率。无论是围绕什么类型的内容，AIGC 工具都能在短时间内生成大量高质量的作品，从而满足大规模生成内容的需求。一般来讲，大部分 AIGC 工具能在几秒内生成几百个字的文本，如新闻、故事、诗歌等；在几秒到几十秒内可生成一张精美图片。其极快的内容生成速度，是人类很难超越的。

AIGC 的高效性不仅体现在内容生成速度上，还体现在其对资源的利用上。采用传统的内容生产方式需要投入大量的人力、物力和财力，而使用 AIGC 则可以在成本较低的情况下实现高质量的内容生产。这为企业和个人提供了更多的机会和可能性，使得内容创作变得更加轻松便捷，成本也更低。

3. 多样性

多样性是 AIGC 在内容创作领域的又一显著特点，它赋予了内容生成更多的可能性和更强的适用性。AIGC 的多样性体现在它能够根据不同的关键词或主题，生成风格多变、灵活多样的内容。

AIGC 的多样性首先体现在其生成内容的形式上。AIGC 涵盖语言文字、图像、音频、视频等方面，对应在具体应用领域上，则意味着无论是文字编辑、平面设计、音频制作还是视频剪辑，它都能够提供多样化的解决方案，满足不同领域的内容创作需求。

另外，AIGC 还能驾驭不同内容形式的不同风格。语言文字方面，AIGC 可掌握不同文体形式与写作风格；图像方面，AIGC 可生成真人照片、艺术绘画、3D 模型图；音频、视频方面，AIGC 可快速生成不同风格流派的影音。

4. 可扩展性

AIGC 还具有很强的可扩展性，可以应用于不同领域和场景。随着技术的不断发展，其应用领域还将不断扩大，涵盖更多的内容生成领域。

AIGC 的可扩展性首先体现在其可以集成到各种现有的系统和平台中。无论是社交媒体、电商平台还是企业内部的管理系统，通过一定的技术操作，AIGC 都能载入其现有系统中，为用户提供定制化的内容生成服务。这种灵活性和集成性使得 AIGC 能够适应不同的业务场景，满足各种复杂的需求。例如，目前许多微信小程序搭建各色 AIGC 工具，提供各类服务，如图 1-3 所示。

图 1-3   微信 AI 应用小程序

另外，AIGC 的可扩展性还体现在其不断拓展的应用领域中。目前 AIGC 已经在新闻、广告、娱乐等多个领域展现出强大的潜力。随着技术的进一步发展，它有望在教育、医疗、金融等领域发挥更大作用。如在教育领域，AIGC 工具可生成个性化的学习资料和教学辅助材料，帮助学生更好地掌握知识；在医疗领域，AIGC 工具可以辅助医生进行疾病诊断和治疗方案的制定，提高医疗质量和效率。

除了上述内容，AIGC 不断优化的算法和模型也预示了其未来发展的巨大潜力。随着数据的不断积累和技术的进步，AIGC 的算法和模型将变得更加精准和高效，生成的内容也将更加高质量和多样化。这种持续优化和升级的能力使得这一技术具有强大的竞争力和生命力。

1.2 AIGC 发展历程

自 AI 的概念诞生以来，其在各个领域的应用逐渐深入。作为其中的一种重要形式，AIGC 的发展既充满了探索与突破，也映射了技术进步与社会需求的变迁。从早期的简单文本生成，到如今的多媒体内容创作，AIGC 的进化路径不仅反映了算法和计算能力的提升，也彰显了人们对智能辅助创作的想象与追求。

1.2.1 萌芽起步期

20 世纪 50 年代到 90 年代中期为 AIGC 的萌芽起步期。在 20 世纪 50 年代初期，出现了首个计算机制作的音乐作品《伊利亚克组曲》（*Illiac Suite*）[1]，其旨在测试一台计算机是否具有智能。20 世纪 60 年代到 70 年代，随着计算机技术的进步和学术界对人工智能兴趣的增加，一些早期的对话系统和文字生成系统开始出现，典型例子包括"伊丽莎"（ELIZA），这是一个早期的对话系统，能够模仿人类的对话风格。

在这一阶段，AIGC 的概念刚刚诞生，受到计算能力和数据资源的限制，主要的研究和探索集中在理论框架的构建和初步的实验验证上。研究者们开始尝试使用简单的统计模型和规则系统来模拟人类的写作过程，但由于缺乏足够的数据和计算资源，生成的文本内容往往质量不高，缺乏实用性。

尽管如此，这一时期的探索为 AIGC 的后续发展奠定了坚实的理论基础。

1.2.2 沉淀积累期

20 世纪 90 年代中期到 21 世纪 10 年代中期，随着科技的进步，尤其是计算机技术的快速发展，AIGC 进入了沉淀积累期。在这一阶段，研究者们开始尝试使用更复杂的算法和模型来提高生成的文本内容的质量，典型成果如 2007 年问世的首部由 AI 完成的小说《在路上》（*The Road*）。

这一阶段，经过研究者们不断地改进和优化算法，以及对大规模数据的训练和学习，

---

1 农忠海,蒋萍,侯文雷.人工智能生成内容 AIGC 大模型在公安工作中的应用探讨[J].电脑知识与技术：2023 (13):29-31,38.

AIGC 开始逐渐从实验向实用转变。同时，这一时期的探索也为 AIGC 的快速发展奠定了基础。

1.2.3　快速发展期

21 世纪 10 年代中期以后，AIGC 迎来了快速发展期。在这一阶段，AIGC 不仅能够生成高质量的文本内容，还能够生成图像、音频、视频等多媒体内容，满足了人们多样化的创作需求。同时，随着大数据和云计算技术的发展，AIGC 的生成效率和准确性也得到了极大的提升。

尤其在 2022 年，AIGC 得到突破性发展。以 ChatGPT 为代表的一众 AIGC 工具不断涌现，这使得人们对 AIGC 的关注度和认可度达到了前所未有的高度。技术的成熟带来了更进一步的商业化，AIGC 在各行各业不断创造新的商业价值。如今，这一重要技术已经广泛应用于各个领域，成为推动内容创作领域发展的重要力量。

1.3　AIGC 的价值

AIGC 所带来的广泛价值正逐步引起人们的重视。作为一种革新性的技术力量，AIGC 不仅重塑着传统产业的生态系统，还在深层次上改写着未来的经济社会格局。在时代、社会与个人层面，它都显示出巨大影响力。

1.3.1　时代层面：引领科技浪潮，重塑产业生态

在时代层面上，AIGC 无疑正掀起一场科技浪潮，它不仅影响着科技领域，更在重塑整个产业生态。AIGC 能够高效精准地进行内容创作、知识挖掘、信息处理等工作，极大地提升了人们的生产效率和创新能力。从新闻写作、影视制作到艺术设计、产品研发，无一不受到 AIGC 的深刻影响。图 1-4 所示为全球首部 AI 动画电影《愚公移山》。

图 1-4　全球首部 AI 动画电影《愚公移山》

AIGC 技术进步使得传统的以内容为主的行业走向转型升级之路，也使一批新兴产业得以快速发展。这一巨大的推动力将逐步促使整个时代的科技进步和社会生产力的飞跃。

1.3.2 社会层面：改善生活品质，助力社会进步

AIGC 的应用普及正在深度改变社会生活的方方面面。在教育领域，自动生成的教学资源丰富了教学手段，助力实现个性化教学；在医疗健康领域，AIGC 工具可助力病例分析、辅助诊疗，提升医疗服务水平；在社会治理方面，通过对海量数据的智能分析与内容生成，AIGC 可以帮助决策者制定更为科学合理的政策。因此可以说这种技术在社会的各行各业中获得广泛应用，并深刻地改善了人们的生活品质。

深圳市大数据研究院和香港中文大学（深圳）的开发团队训练出医疗大模型 "华佗 GPT-II"，其界面如图 1-5 所示。

图 1-5　华佗 GPT-II

1.3.3 个人层面：赋能个人成长，提升工作效率

AIGC 作为一种革新性的技术力量，对个人的生活、工作与学习都产生了重要影响，也为每个人带来了前所未有的便利与机遇。

一方面，人们可以借助 AIGC 快速获取大量高质量的信息和服务，如定制化的新闻资讯、精准的个人健康管理方案等，这极大地提高了生活品质和工作效率。另一方面，AIGC 也为创作者提供了新的可能，通过与 AI 的协同创作，艺术家、设计师等专业人士可以打破创作瓶颈，激发更多灵感，实现自我价值的最大化。除此之外，随着 AIGC 技术门槛的降低，普通用户也能参与到内容创作中来。大众的创新潜力得到充分释放，这也有利于进一步推动社会的文化繁荣与发展。

1.4　AIGC 面临的挑战与发展趋势

从媒体创作到教育改革，从产业升级至社会治理，AIGC 不仅正在改写当下，更在勾勒一幅充满无限可能的未来画卷，同时也带来了许多问题与挑战。这一关键技术在未来数年乃至数十年内将持续推动人类文明的进步与发展，而如何迎接这个未来是人类面临的共同挑战。

1.4.1 现阶段 AIGC 面临的挑战

AIGC 尽管已经在诸多领域取得了显著成果，但仍然面临一系列挑战。

1. 质量参差不齐

在使用最普遍的文本内容生成领域，AIGC 工具在理解和生成文本时，尤其是在面对复杂的语言结构、文化背景、方言特色、双关语、幽默感及深层情感色彩的捕捉和再现时仍显力不从心。它们可能无法像人类那样准确把握微妙的语境，导致生成的内容有时缺乏应有的逻辑、连贯性和情感共鸣。部分情况下，AIGC 工具甚至会生成错误信息，对使用者产生误导。

而在其他多媒体内容生成上，尽管 AIGC 已经应用于图像、音频和视频内容的创建，但在生成细节丰富、逼真度极高的多媒体作品方面，它依然存在一定局限性。特别是在需要高度精细的艺术审美判断和创意构想的时候，这一局限性更为明显。

2. 创新能力受限

尽管 AIGC 工具能依据大量数据学习并生成新的内容，但其本质是在现有数据集的基础上进行模式匹配和概率预测，尚不具备真正意义上的原创思维。这意味着 AIGC 工具生成的内容虽丰富多样，但在独立构思、提出开创性见解或设计独特艺术品等方面难以达到与人类同等水平的创新。

3. 伦理和法律问题突出

AIGC 工具可能会在未经授权的情况下复制或模拟个人风格，侵犯他人版权或知识产权。同时，AIGC 工具生成的内容若未得到有效监控，可能存在生成误导性信息、虚假内容、偏见或者不良内容等风险。部分不法分子甚至利用 AIGC 技术实行诈骗等违法犯罪活动。这些情况都对内容审核和 AIGC 的监管机制提出了更高要求。

4. 专业化乏力

在专业领域的应用中，AIGC 在高度专业化、个性化和情感化的需求面前显得较为乏力。例如，在教育、心理咨询等领域，AIGC 工具难以替代人类教师和咨询师进行个性化辅导和深度情感交流。

AIGC 虽在诸多领域展现了潜力和价值，但在实现真正的智能化、人性化和创造性内容生成之前，还有众多技术难题亟待解决，同时也需面对相应的伦理、法律和社会适应性挑战。

1.4.2 AIGC 的发展趋势

作为一项前沿技术，AIGC 的发展趋势呈现出多种可能性。

1. 技术融合与深化

未来，AIGC 的发展趋势首先体现在与其他 AI 技术如自然语言处理、计算机视觉、深度学习等多模态技术的深度融合上。通过跨领域的技术整合，AIGC 的应用范围将不仅仅局限于文本生成，还将涵盖更为丰富的多媒体内容创作，如音乐、图像、3D 模型、虚拟现实体验甚至全息影像等内容的自动生成。这将进一步推动 AIGC 在娱乐、教育、艺术创作、广告营销等诸多领域的广泛应用。

2. 大规模预训练模型的演进

当前大规模预训练模型如 GPT 系列、文心一言及 DALL-E 等已取得显著成效，后续发展的重点将是模型规模更大、泛化能力更强、更具备通用性和创造力的新型预训练模型。这些模型不仅能理解复杂场景和上下文，还能生成更加连贯、新颖和高质量的内容，使 AIGC 在专业内容生产中的地位越发显著。

3. 提供定制化服务

随着用户对内容的需求更加个性化与精细化，AIGC 将在满足用户个性化需求方面发挥巨大作用。通过用户行为分析、情感识别和精准推荐算法，AIGC 有望实现千人千面的内容创作，从而提供高度定制化的新闻报道、教育课程、咨询服务等。

4. 伦理监管与合规应用

伴随着 AIGC 技术的进步，相关的伦理、法律和社会问题将更为突出。未来将建立更为完善的法律法规体系，强化对 AIGC 的版权保护、真实性验证和不良信息过滤，确保该技术在合法合规的前提下健康发展。

5. 赋能传统行业转型

AIGC 有助于各行各业提高效率、降低成本，特别是新闻出版、影视制作、游戏开发等行业，可以借助 AIGC 工具快速生成基础素材，辅助创意人员高效产出。此外，AIGC 还可应用于智能客服、在线教育、医疗健康等领域，成为推动产业数字化、智能化升级的重要力量。

总体来说，AIGC 正逐步走向成熟，并展现出改变整个内容创作生态的潜能。在未来，人们将看到一个由 AI 驱动的全新内容创造时代，其中 AIGC 将不仅扮演着高效的生产力工具角色，还可能催生出全新的商业模式和业态。而未来的 AIGC 在不断突破自身局限的同时，也会与人类智慧更深层次地结合与互补，为人类社会创造出前所未有的价值。

实训板块

实训项目：探索 AIGC 在特定领域的应用案例。

请选择一个感兴趣的领域（如艺术、职场、教育等），调研并记录该领域中 AIGC 的实际应用案例。注意主动使用多种网络搜索工具并检索多个新闻或社交平台，收集不少于 3 个相关应用案例，分析 AIGC 是如何在不同领域发展与变化的，并与同学进行分享。

PART 02

第 2 章
AIGC 工具的选择与使用

学习目标

➤ 了解并熟悉各类主流 AIGC 工具。

➤ 掌握提示词的概念与使用技巧。

素养目标

➤ 强化技术创新意识与实践能力，努力探索 AIGC 工具在各领域的潜能。

➤ 提升跨学科协同与创新能力，灵活运用工具解决问题。

在智能化时代的洪流中，功能各异的 AIGC 工具以其独特的光芒点亮了科技发展的新航道，AIGC 不再仅停留于学术殿堂，而是迅速地扎根于现实土壤，化身为无数实用且强大的工具，悄然塑造着各行各业的工作模式与生活形态。了解 AIGC 工具并熟悉其使用技巧，是在生活中将其付诸实践的首要前提。

本章将按照功能的不同深入介绍各类型的 AIGC 工具，并详细介绍 AIGC 应用的核心技巧"提示词"，最终帮助人们构建属于自己的"智能工具箱"。

2.1 AIGC 工具的主要类型

AIGC 的迅猛发展体现在 AIGC 工具种类的繁多上。在写作、绘图、设计、音乐、视频等几类主要的内容生产领域，AIGC 工具都有着优秀的表现。本节将重点介绍 AIGC 工具的主要类型。

2.1.1 写作类 AIGC 工具

写作类 AIGC 工具是作为 AIGC 领域应用最广泛的工具类型之一，下面将从定义与主要特点两个方面进行介绍。

1. 写作类 AIGC 工具的定义

写作类 AIGC 工具指运用自然语言处理技术生成文本内容的工具。其能自动生成文本、编辑文章、提供建议、协助创意构思等，有效提升写作效率与质量，广泛应用于新闻报道、文学创作、教育辅导等领域。写作类 AIGC 工具一般具备 4 种能力。

（1）理解能力

写作类 AIGC 工具的理解能力体现在其能够解析和消化复杂的文本输入，包括语境理解、概念辨析和情感识别等。通过深度学习和自然语言理解技术，写作类 AIGC 工具能准确捕捉用户意图，理解文档结构、专业术语及文化背景，确保生成内容贴合实际情境。

（2）生成能力

写作类 AIGC 工具的生成能力体现在其能基于大量训练数据和模型算法，自创新颖、连贯且信息丰富的文本内容。

（3）逻辑能力

逻辑能力作为写作类 AIGC 工具所具备的核心能力之一，体现在其能够高效处理复杂逻辑难题、精确完成困难的数学计算，并为用户提供关键的职业或生活决策支持。这种能力不仅展现了写作类 AIGC 工具在智商层面的卓越表现，同时也体现了其在情商层面的高度发展，使其能够与用户进行更为深入、精准的交互。

（4）记忆能力

写作类 AIGC 工具的记忆能力主要体现为对历史信息的检索和利用，写作类 AIGC 工具可以记住大量的文本片段、事实数据甚至情节线索，并在后续创作过程中恰当地引用、整合和扩展这些信息，使得内容前后一致、细节丰富，犹如一个拥有庞大知识储备的智能助手。

2. 写作类 AIGC 工具的主要特点

写作类 AIGC 工具主要有以下特点。

（1）智能性

写作类 AIGC 工具的核心特点是具有强大的智能性。运用先进的自然语言处理技术和深度学习算法，写作类 AIGC 工具能够模仿人类的语言习惯和思维方式。这种智能不仅体现在对上下文的理解上，还体现在能基于给定的输入资料生成新的内容上，如可以生成文章概述、章节概要，甚至是完整的文章篇章。写作类 AIGC 工具具有自我学习和适应的能力，可以根据用户的反馈持续优化输出效果，使文本创作达到前所未有的水平。

（2）实时性

写作类 AIGC 工具具有实时响应和动态更新的特点，能在短时间内完成对文本的分析和优化。在实际写作过程中，写作类 AIGC 工具可根据用户的要求，在数十秒内及时响应用户，使得用户能够在第一时间得到自己需要的结果。

（3）更新性

写作类 AIGC 工具具有更新性，这意味着它们依托的数据库与算法模型并非一成不变，而是随着技术发展和时代变迁不断迭代更新的。这类工具通过持续吸收和整合全球范围内的最新资讯、研究成果、流行趋势以及各类知识库资源，保持自身数据库的时效性和全面性。每一次更新都意味着写作类 AIGC 工具的写作能力的增强和生成内容的与时俱进，面对新出现的词汇、新兴领域的专业术语，以及社会文化现象的变迁，它们都能及时捕捉并将其反映在生成的文本之中。

图 2-1 所示为 2023 年 10 月 17 日举行的百度世界大会 2023，百度创始人李彦宏发布文心大模型 4.0 版本，展示国产 AIGC 工具文心一言的更新发展之路。

图 2-1　文心大模型 4.0 正式发布

（4）高效性

相较于人工写作，写作类 AIGC 工具在处理大量信息和规模化创作方面表现出显著的高效性。它们可以迅速整理庞杂的数据资料，提炼关键信息，并在短时间内批量生产高质量的内容。尤其在面对重复性较强、模板化需求高的任务时，这类工具不仅能减轻人力负担，更能实现 24 小时不间断创作，极大地提高了内容生产的整体效率和产能。

2.1.2 图表类 AIGC 工具

图表类 AIGC 工具在办公领域被广泛应用，其定义与主要特点如下。

1. 图表类 AIGC 工具的定义

图表类 AIGC 工具是能够自动生成或辅助生成各类图表的 AIGC 智能工具。这类工具通过利用深度学习和自然语言处理技术，能够理解和分析用户的输入数据或需求，进而快速生成符合要求的图表。

目前，图表类 AIGC 工具一部分是独立的应用平台，另外一部分和写作类 AIGC 工具结合在一起，通过提供不同的功能插件[1]，在同一个界面供用户使用。目前的主流 AIGC 工具，如文心一言、讯飞星火等，都采取了提供不同的功能插件的形式。文心一言的图表生成功能插件如图 2-2 所示。

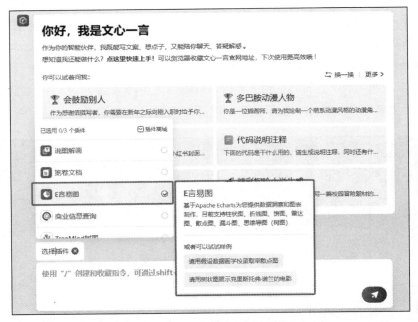

图 2-2　文心一言的图表生成功能插件

2. 图表类 AIGC 工具的主要特点

图表类 AIGC 工具主要具备以下特点。

（1）适用性和多样性

图表类 AIGC 工具的一大特点是广泛的适用性和内容的多样性。这类工具可以从原

---

1 插件：一种小型的、可以添加到某个软件或系统中的额外工具或程序，能够增强原有软件的功能，或者为软件添加新的特性。

始数据集中自动识别数据并将其转换成直观易懂的统计图表，例如条形图、折线图、饼图、散点图等标准图形。

（2）协同性

图表类 AIGC 工具往往可和写作类 AIGC 工具搭配使用，体现出功能上的协同性与互补性。通过文字命令，AIGC 工具可以在高效生成文本内容的同时将这些文本内容转化为直观、易懂的图表，或是将表格内容转化为图片。另外，许多办公软件、文档处理软件也融合了图表类 AIGC 工具的功能，以提升办公文档的处理效率，实现人力与人工智能的协同工作。

这种协同工作不仅能够提高内容创作的效率，还能确保文本与图表之间的信息一致性和连贯性，为用户提供更为完整、高质量的内容解决方案。

2.1.3　演示文稿类 AIGC 工具

演示文稿类 AIGC 工具能够快速生成幻灯片，其定义与主要特点如下。

1. 演示文稿类 AIGC 工具的定义

演示文稿类 AIGC 工具是专为提高演示文稿（如幻灯片）制作效率和质量而设计开发的工具。这类工具集成了机器学习、自然语言处理、图像识别和智能排版等多种技术，以自动化的方式辅助用户创建、编辑和优化演示文稿内容。

用户只需要进行简单的指令输入、关键词提炼或者上传现有文档资料，演示文稿类 AIGC 工具就能够智能生成结构清晰、内容充实且设计美观的幻灯片。

2. 演示文稿类 AIGC 工具的主要特点

（1）灵活性

演示文稿类 AIGC 工具能自动匹配各类幻灯片要素，包括模板选择、色彩搭配、字体调整、图表排版等。另外，此类工具大部分都允许用户在生成内容的基础上进行二次调整，自行更改其中的排版、字体、文字内容，具有较强的灵活性。

（2）有限性

值得注意的是，目前大部分演示文稿类 AIGC 工具是依托已有的模板素材，结合用户的要求与指令生成幻灯片内容的。这表明这类 AIGC 工具生成能力有限，尚未到达从无到有自行设计幻灯片内容的高度。

2.1.4　图像类 AIGC 工具

图像类 AIGC 工具是图像领域的重要应用工具，其定义与主要特点如下。

1. 图像类 AIGC 工具的定义

图像类 AIGC 工具指利用人工智能技术，自主或辅助用户完成绘画、图像处理以及生成各类图像内容的 AIGC 工具。这类工具结合深度学习、计算机视觉等技术，通过训练大量图像数据，能够理解和模仿人类的绘画风格和创作思路。

图像类 AIGC 工具不仅能够自动生成具有艺术性和创意性的图像，还能为用户提供丰富的图像处理功能，如色彩调整、滤镜应用、图像修复等。此外，用户还可以通过图像类 AIGC 工具进行个性化定制，根据自己的需求生成专属的图像。图像类 AIGC 工具的出现，极大地丰富了人们的视觉体验，提升了图像创作的效率和品质，为艺术、设计、广告等领域带来了革命性的变革。

2. 图像类 AIGC 工具的主要特点

图像类 AIGC 工具极大地提升了绘画制图的效率，并展示出智能创作性、高效便捷性、灵活多样性等主要特点。

（1）智能创作性

图像类 AIGC 工具通过深度学习和计算机视觉技术，能够模拟人类的创作思维和艺术风格，自动生成具有独特性和创意性的图像。无论是风景、人物还是抽象艺术，这些工具都能根据用户的需求和设定，创作出符合要求的图像，这极大地丰富了人们的视觉体验。

（2）高效便捷性

相比传统的手工绘画和图像处理方式，图像类 AIGC 工具能够在短时间内完成大量的图像生成和处理任务。用户只需通过简单的操作，就能快速获得所需的图像，大大提高了工作效率。同时，这些工具还提供了丰富的素材，方便用户进行选择和定制，进一步简化了创作过程。

（3）灵活多样性

图像类 AIGC 工具支持多种输入方式和创作风格，用户可以根据个人喜好和需求，选择合适的创作方式。用户无论是需要手绘风格、油画风格，还是摄影风格，这些工具都能满足用户的创作需求。另外用户还能对生成的图像进行个性化的编辑，如色彩调整、滤镜应用等，使作品更加符合个人审美和风格。

2.1.5 音乐类 AIGC 工具

音乐类 AIGC 工具在音乐领域表现惊艳，一经出现便获得了大量关注。

1. 音乐类 AIGC 工具的定义

音乐类 AIGC 工具是指能够自主创作或辅助创作音乐的工具。在音乐领域，这类工具通过深度学习和分析大量的音乐数据，利用旋律、节奏、和声等要素，生成具有创意性和艺术性的音乐作品。这类 AIGC 工具拥有极高的创作效率，能够在短时间内生成大量的音乐素材或完整作品。和其他 AIGC 工具一样，它们掌握了丰富的创作风格，可以根据用户的需求和命令，生成不同风格、不同情绪的音乐。另外，一些音乐类 AIGC 工具还能起到辅助作用，帮助音乐人完善其音乐作品。

2. 音乐类 AIGC 工具的主要特点

音乐类 AIGC 工具表现出色，主要有如下特点。

（1）高度定制化

借助此类工具，用户可以根据自己的需求选择不同的音乐类型和风格，比如流行、古典、摇滚、儿歌乃至方言歌曲（如生成粤语歌）。用户还可以介入创作过程，如提供歌词或主题概念，音乐类 AIGC 工具会据此创作完整歌曲。

（2）缺乏独创性

音乐类 AIGC 工具依据已有数据训练而成，其创作的作品可能会反映出训练数据集的风格特征，但在引领潮流、开创全新音乐风格或塑造符合某个特定时代背景的音乐文化符号方面，可能不如人类音乐家敏感和独特。

2.1.6　视频类 AIGC 工具

视频类 AIGC 工具使用的技术较为复杂，这类工具出现得也相对较晚。

1. 视频类 AIGC 工具的定义

视频类 AIGC 工具是利用人工智能技术，对视频进行智能编辑和自主生成的工具。这类工具的工作原理类似图像生成技术的工作原理，但其复杂度更高，涉及的维度更多，涵盖了视频编辑与视频自主生成两大方面。通过深度学习和算法分析，它们能够提升视频画质、修复老旧视频、自动剪辑场景内容，极大地提高了视频制作的效率和质量。除此之外，视频类 AIGC 工具甚至能根据图像或文本描述，自动生成内容相符的视频，为视频创作提供了更多可能性。

2. 视频类 AIGC 工具的主要特点

视频类 AIGC 工具目前尚处在发展期，但仍然展现出独特的特点。

（1）灵活性

视频类 AIGC 工具展现出很强的灵活性，主要体现在其多样化的输入方式和操作便捷性上。用户通过输入自然文字语言来描述所需的视频内容，视频类 AIGC 工具便能根据这些描述生成相应的视频片段。此外，用户还可以上传静态图片，利用 AIGC 技术将其转化为动态图像，从而创作出别具一格的动图。这种灵活性不仅简化了视频制作的流程，还为用户提供了更广阔的创作空间，使得视频制作变得更加轻松有趣。

（2）局限性

尽管视频类 AIGC 工具在视频生成方面展现出了强大的能力，但目前其生成的视频内容在时长和质量上仍存在一定的局限性。目前市场上的大多数视频类 AIGC 工具只能生成数秒的视频，这在一定程度上限制了其应用场景。对于需要制作长视频的用户来说，其可能还需要结合其他工具或技术进行后期剪辑和拼接。然而，随着技术的不断进步，相信未来视频类 AIGC 工具在视频时长方面的限制将会逐渐取得突破。

2.2　AIGC 应用的核心：提示词

从写作、图表、图像到视频，再到其他创新性的应用，AIGC 工具正以其强大的功能改变人们的工作和生活方式。然而要让这些 AIGC 工具真正发挥效能，一个核心要素不可或缺，那就是"提示词"。

提示词是 AIGC 应用中的关键，它决定了生成内容的方向和风格。这一节将带领大家深入认识提示词的定义、主要形式、特点以及使用技巧，从而使大家更好地利用 AIGC 工具，创造出更符合需求的内容。

2.2.1　认识提示词

在 AIGC 应用中，提示词扮演着至关重要的角色。它是用户与 AIGC 工具沟通的桥梁。通过精准的描述和指引，提示词能够激发 AIGC 工具的创造力，生成符合用户期望的内容。因此，深入认识提示词，掌握其使用技巧，对于有效利用 AIGC 工具至关重要。

1. 提示词的定义

提示词是 AIGC 应用中至关重要的概念，它指的是用户向 AIGC 工具输入的指令，用于指导其生成特定内容。这些指令蕴含了用户的意图和期望，是 AIGC 工具理解并创造内容的基石。

通过 AIGC 工具的文本输入框输入并发送提示词，就可得到生成内容，文心一言的输入框如图 2-3 所示。

图 2-3　文心一言的输入框

2．提示词的主要形式

根据使用场景，提示词可以呈现为如下几种主要形式。

（1）关键词

关键词提示词是 AIGC 应用中最基础的形式，通常是一些高度概括性的单个词语或简短词语组合，用于引导 AI 模型捕捉核心概念或主题。关键词提示词示例如下。

科幻城市、赛博朋克风格、冷色调。

在使用图像类 AIGC 工具时，上述关键词能直截了当地点明创作需求，使图像类 AIGC 工具生成出相应主题与风格的作品。

关键词适用于快速抓取核心要点或者概念简单的场景，因此主要在生成图像、音乐等内容时使用。

（2）短语

短语提示词比关键词提示词具体和细致，能够传达更多细节和情感色彩。短语提示词示例如下。

自行车的发展历史。

"自行车的发展历史"很明显是一个简单的短语，将这样的短语提示词输入到写作类 AIGC 工具中便能获得其生成的历史资料。

短语是词语的组合，在需要传递一定情境或情绪的场合中使用更为有效，它能够提供较为具体的方向，让生成内容更加具有针对性。

（3）句子

在关键词提示词和短语提示词之外，句子提示词提供了更为复杂和完整的情境描述，有助于 AIGC 工具生成更为精确和连贯的内容。句子提示词示例如下。

请你描述一只猫在雨后的夜晚悠闲漫步的画面。

在使用写作类 AIGC 工具时，句子提示词会让其生成富于情节和生动细节的故事段落。同样，在生成图像时，复杂的句子提示词如"描绘一位维多利亚时代的女士正在阅读一封来自未来世界的信件，周围环绕着复古与现代科技元素的融合场景"，能够让图像类 AIGC 工具创作出既包含时代特征又兼具奇幻元素的图像作品。

句子提示词在需要高度定制化和精准输出的情况下使用效果最佳，如长篇文本写作、深度故事构思、特定情境下的图像生成等，因为它能够完整地表达用户的意图，使得生成的内容更有可能贴近用户的真实需求。

（4）文本段落

将关键词、短语、句子组合在一起，形成有头有尾、条理得当的连续性段落文字，这就是提示词的另一种形式——文本段落。AIGC 工具能够理解用户输入的复杂文本信息，并统合所有信息以生成符合要求的内容。文本段落提示词示例如下。

我是一名有着 3 年工作经验的短视频运营人员，近期要参加一家互联网公司的面试。请帮我梳理一份高质量的面试指南，分为前期准备、面试问答、后期跟进 3

个环节。你生成的指南必须不少于 1000 字。

篇幅较长的文本段落提示词会提供丰富详细的信息，主要适用于写作类 AIGC 工具。

2.2.2 提示词的特点

提示词在 AIGC 应用中具有多个显著特点，这些特点使得提示词能够有效地引导其生成符合预期的内容。

1. 多样灵活

提示词的形式和内容具有多样性。它们可以是单个词语、短语、句子或者更复杂的文本段落。这种多样性使得提示词能够适用于不同的场景和生成任务。提示词的使用也非常灵活，用户可根据不同的需求和场景进行选择和组合，比如选择与自己需求内容的主题、风格、情感等相关的提示词。

2. 强调技巧

强调技巧是指在创作过程中，通过运用特定的策略和方法，使提示词更具引导性和影响力。优秀的提示词往往能够准确捕捉 AIGC 工具的核心关注点，有效引导其生成符合预期的内容。这要求用户熟悉各类工具的工作原理，掌握恰当的词语选择、句式构造和语境营造等技巧。技巧的运用可以显著提升提示词的使用效果，使生成的内容更加精准、生动和富有创意。

3. 可复用

提示词可复用意味着一旦用户找到有效的提示词组合和技巧，便可在不同的场景或任务中重复使用，从而节省时间并提高效率。这种特点使得 AIGC 工具尤其适用于批量生成内容或需要维持内容风格一致性的情况。通过复用提示词，用户能够轻松维持内容质量，并确保 AIGC 工具生成的结果与预期相符。

从提示词的特点可以看出，掌握 AIGC 工具，就要掌握提示词，而掌握提示词，就需要学习提示词使用技巧。

2.2.3 提示词使用技巧

说话是一门技术，提示词的撰写也有技巧可言。有效的提示词不仅能精准引导 AIGC 工具生成内容，还能显著提升生成内容的质量和效率。下面将深入探讨提示词的使用技巧，帮助用户更好地使用 AIGC 工具。

1. 三大类提示词

目前在写作类等 AIGC 工具领域，使用最广泛的提示词有三大类，分别是要点式提示词、角色扮演式提示词及示例式提示词。掌握这三大类提示词，足以应对绝大部分的使用场景。

（1）要点式提示词

在学习与工作中，我们经常会接受各式各样的任务要求。一个好的任务要求往往要点明确，要点式提示词也是如此。

要点式提示词主要用于引导 AIGC 工具生成具有特定要点和结构的内容。列出关键主题、论点或细节，可以帮助 AIGC 工具组织和构建连贯的内容。我们可以将要点式提示词当作"大纲"，它包含了最重要的信息，能让人一目了然，确保 AIGC 工具生成的内容符合预定框架和目标。要点式提示词示例如下。

撰写一篇关于气候变化的影响的科普文章，**要点**包括温室效应原理、极端天气事件增多、海平面上升的影响。

要点式提示词是最基础的提示词，适用于写作类、图表类、图像类、音乐类、视频类等一切 AIGC 应用领域。精准提出要点，明确表达需求，是使用要点式提示词的重中之重。

（2）角色扮演式提示词

角色扮演式提示词是让 AIGC 工具扮演特定角色进行内容创作，如记者、专家、小说主角等。因有海量的数据，理论上 AIGC 工具可以调取任何行业、任何专家、任何名人的知识数据。通过设定角色和情境，这些工具能够根据角色的身份和立场生成对应风格的内容。这种提示词增强了生成内容的生动性和情境性。表 2-1 所示为可扮演的角色类型。

表 2-1　可扮演的角色类型

角色类型	说明	举例
职场职务	模拟各种职场职务，从基层员工到高级管理者，展现不同职务的工作风格和内容	市场营销专员 项目经理
专家学者	扮演不同领域的专家学者，提供专业的知识和见解	医学专家 经济学家 文案写作专家
社会身份	模拟各种社会身份，以不同身份进行交流	父母 朋友
名人	模拟古今中外名人	鲁迅 乔布斯
功能性工具	模拟某种具备特定功能的强大工具	公众号标题生成器

角色扮演式提示词示例如下。

请你**扮演**一名环保活动家，撰写呼吁公众减少碳排放的公开信。

我想让你**扮演**一名专业会计，为小企业制订一个财务计划，实现节约成本的目的。

请你**扮演**一个强大的微信公众号标题生成器，基于我发送给你的主题，分别使用 5 种方法帮我生成一组标题。

另外，在一些需要头脑风暴的特殊场合，我们还可以让 AIGC 工具同时扮演多个角色思考问题、参与讨论。这类提示词示例如下。

请你扮演我的智囊团，团内有 3 名专家，分别是乔布斯、稻盛和夫和孔子。他们都有自己的个性、世界观和价值观，对问题有不同的看法和建议。我会在这里说出我的个人情况，请分别以这 3 名专家的身份和视角来审视，并给出评价和建议，不少于 800 字。

角色扮演式提示词主要适用于写作类 AIGC 工具，这是因为写作对话类 AIGC 工具能够连续对话，也就可以持续扮演某一角色。借助这个技巧，用户可以轻松打造一个属于自己的专家团队，解决在生活、学习与工作中遇到的实际问题。

（3）示例式提示词

示例式提示词是指提供一个或多个样例，让 AIGC 工具借鉴或模仿样例的风格、格式或内容要素来生成新的内容。根据给出的具体示例，AIGC 工具可以学习并重现类似的文体特征，确保生成内容与用户期望的风格保持一致。示例式提示词示例如下。

模仿《哈利·波特》系列小说的叙述风格，写一段发生在魔法学校的冒险故事开头。

我会向你提供一段广告文案，请你模仿这段文案，为我公司的新产品撰写类似风格的文案。文案范例内容是："钻石恒久远，一颗永流传。"

除了直接给出示例，还可以让 AIGC 工具"先学习，再创作"，即先输入优秀示例，命令其学习提炼技巧，再根据这些技巧创作新的内容。这类提示词示例如下。

提示词①：请分析下面这些广告文案共同的风格与特点。

1. 钻石恒久远，一颗永流传。

2. 唯美食与爱不可辜负。

3. 百度一下，你就知道。

AIGC 工具生成内容如下所示。

我很乐意为您分析这些广告文案的风格与特点。

这些广告文案都是非常经典和成功的例子，它们有以下几个共同点。

1. 简洁明了：它们都只用了一句话或者几个字，就传达了核心的信息和价值主张。它们没有冗余的修饰，也没有复杂的语法结构，让人一看就能明白。

2. 押韵或押头韵：它们都运用了押韵或押头韵的技巧，增加了语言的美感和节奏感。例如，"钻石恒久远，一颗永流传"中的"恒"和"永"、"久"和"流"，"唯美食与爱不可辜负"中的"唯"和"辜"、"食"和"不"，"百度一下，你就知道"中的"一下"和"知道"都押韵了。

3. 引起共鸣：它们都能够触动人们的情感，引起共鸣。例如"钻石恒久远，一颗永流传"表达了人们对爱情的渴望和信念；"唯美食与爱不可辜负"表达了人们对生活的热爱和享受；"百度一下，你就知道"表达了人们对知识的好奇和求知。

4. 有创意和差异化：它们都有自己的创意和特色，能够在众多的广告中脱颖而出，形成品牌的识别度和影响力。

提示词②：现在请根据你分析的这些风格与特点，为一辆新款汽车撰写 10 条广告文案，汽车类型为家庭型，经济实用。

使用示例式提示词能有效纠正用户和 AIGC 工具之间理解偏差。

2. 提示词进阶使用技巧

在要点式、角色扮演式和示例式提示词之外，还存在许多进阶提示词撰写技巧，能够帮助用户更高效地使用各类 AIGC 工具。

（1）AIGC 工具主动生成提示词

通过特定的提示词指令模板，AIGC 工具可以主动生成提示词。模板示例如下。

提示词：请根据我提供的行业、岗位或人群的对应工作领域，生成该领域可能会用到的×条高频 ChatGPT 提示词。请按照下面的模板进行生成。

我想让你扮演[角色]。你擅长[任务]。我想你帮我[我的需求]，具体要求如下。

1. ……

2. ……

3. ……

我提供的行业是：互联网公司

AIGC 工具生成内容如下所示。

我想让你扮演互联网公司的产品经理。你擅长产品规划和管理。我想你帮我进行产品功能设计和优化，具体要求如下。

1. 帮我分析市场趋势和竞争对手的产品特点。

2. 给出针对用户反馈和数据分析的产品改进建议。

3. 帮我拟定产品路线图和发布计划，确保产品按时推出并持续优化。

可以看到，AIGC 工具可根据要求完善提示词模板，生成要点翔实的提示词。用户只需稍做修改，便能快速获得自己需要的提示词。

（2）巧用符号

一些特定的符号能帮助用户条理清晰地梳理提示词内容，包括序号、占位符、分隔符、界定符等，如表 2-2 所示。

表 2-2　提示词符号

符号类型	说明	举例
序号	用于标识顺序或步骤	1、2、3.
占位符	用于表示待填充或待替换的内容	[]、()
分隔符	用于分隔不同部分或内容	—
界定符	用于界定某个文字或表示特定意义的词语	" "、' '

图 2-4 所示为一则提示词符号使用案例，通过灵活选择符号，可使提示词更丰富、有序。

请你扮演一名广告文案人员，根据建议为春季新品奶茶撰写5则广告。具体建议如下。

序号　　占位符

1. 广告文案需要青春活泼。
2. 广告文案可以使用此句式：不是（），而是（）；凡是（），都（）。
3. 下面引号中的是一些优秀文案案例，你可以模仿借鉴。

——　分隔符

1. “我们的奶茶，用心熬煮，只为了给你最好的味道。”　界定符
2. “一杯奶茶，一份甜蜜，一天好心情。”
3. “不管世界如何变化，一杯奶茶，永远是你的安慰。”

图 2-4　提示词符号

（3）程序员提问法

在上面学习提示词使用技巧的过程中，我们使用的关键词、短语、句子、段落文本等，都属于自然语言，即人类在日常生活中用于交流的口头和书面语言。AIGC 技术应用依托发达的计算机语言，因此在一些更专业的领域，我们可以使用编程语言向 AIGC 工具发布命令，如 Markdown。

Markdown 是一种轻量级的标记语言，它支持人们使用易读易写的纯文本格式编写文档，然后转换成结构化的 HTML（Hyper Text Markup Language，超文本标记语言）或者其他格式。在 AIGC 工具中，Markdown 可以作为一个强大的提示词工具，帮助用户更精确地控制生成内容的格式和结构。在 Markdown 中，标题是通过在文本前加上“#”来创建的，“#”的数量表示标题的级别。

```
# 一级标题
## 二级标题
### 三级标题
……
```

这些格式可以用来指示提示词的各个层级，帮助 AIGC 工具理解内容的结构。按照这样的结构，下面的角色扮演式提示词模板可命令 AIGC 工具扮演一位拥有多种技能的专家。

```
# 角色
你是一位×××，你擅长×××

# 技能
## 技能 1
对技能 1 的具体说明
## 技能 2
```

对技能 2 的具体说明

限制
描述 AIGC 工具执行时需要符合的要求

输出格式
描述以什么样的形式输出（若没有特殊要求，则去掉）

2.3　AIGC 工具实操原则

　　AIGC 技术日益成熟，各领域的 AIGC 工具也日益丰富，而这些工具有着各自的定位、特点与特长。各类工具既有共同之处，也有不同之处需要注意。在使用 AIGC 工具时可遵循以下实操原则，使工具应用更为得心应手。

2.3.1　需求先行原则

　　需求先行原则包括明确需求、设定预期两个要点。

1．明确需求

　　使用一切工具的首要原则是使用者理解自己的任务并能够明确自己的需求。AIGC 工具的种类繁多，每种工具都有其特定的适用场景和优势，因此明确需求是确保工具使用效果最大化的关键，应清楚创作任务的具体内容、风格、格式及目标受众，以便选择最合适的 AIGC 工具，并节省试错的时间与费用。

2．设定预期

　　设定预期是需求先行原则的重要组成部分，这体现在对 AIGC 工具生成内容的质量、原创性、合规性等要有合理的期待。这涉及对 AIGC 工具性能的深入了解，包括了解工具的生成能力、学习能力以及可能存在的局限。同时，也要对 AIGC 工具生成的内容保持开放和包容的态度，理解其生成的内容可能无法完全达到人类创作的水平，但它在某些方面可能具有独特的优势。

2.3.2　利用工具特长原则

　　目前的各类 AIGC 工具往往会包括核心功能和高级功能，这就需要用户高度熟悉各类功能，由浅入深，由易到难，步步领悟。

1．核心功能

　　对核心功能的把握包括：熟悉 AIGC 工具支持的不同生成模式，如文本创作、图像绘制、音频合成、视频剪辑等，以及每种模式的具体操作流程；了解工具接受用户输入的方式，如提示词（自然语言对话或关键词输入）、模板选择、参数设置等。目前大部分 AIGC 工具，包括生成文本和图像的工具，都支持提示词输入以生成内容，但也有部分工具需要通过按键进行操作，不支持提示词功能。这都需要了解。

2. 高级功能

AIGC 工具的高级功能主要体现在以下 3 个方面。

（1）定制化选项。如果要深入掌握某一 AIGC 工具，还需掌握其提供的定制化选项，如 GPTs[1]等，这能够帮助用户实现更精细、更专业的内容创作。

（2）协作与共享。了解 AIGC 工具是否支持多人协作、版本控制、权限管理等功能，以便团队成员共同参与创作或对外分享成果。

（3）插件与生态。研究 AIGC 工具周边的插件、扩展程序或第三方服务，它们可能支持额外的功能增强或效率提升。

2.3.3　持续学习原则

AIGC 自问世以来就不断更新与进化，推出的功能繁多，使人应接不暇。为了更好地学习并应用技术，持续学习原则要求用户从各个领域追踪了解知识。一些常见的 AIGC 工具学习途径如下所示。

1. 官方文档

定期查阅官方发布的更新日志，可以帮助用户及时了解 AIGC 工具新增的功能、改进的性能以及可能存在的问题。通过阅读教程，用户可以系统地学习 AIGC 工具的使用方法，从基础操作到高级功能使用都能得到指导。FAQs（常见问题解答）则提供了针对常见问题的解决方案，可帮助用户快速解决在使用过程中遇到的问题。以国产写作类 AIGC 工具文心一言为例，其官方"使用指南"位置如图 2-5 所示。

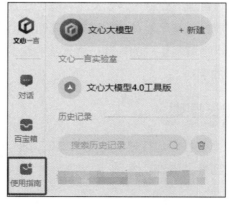

图 2-5　文心一言的官方"使用指南"位置

---

1 GPTs：由人工智能模型 ChatGPT 推出的一种可创建基于 GPT 技术的 AI 应用产品。

2．用户论坛

积极参与 AIGC 工具的用户论坛和社区讨论，可以与其他用户交流学习心得和经验。成功案例和技巧的分享可以帮助用户了解 AIGC 工具在不同场景下的应用效果，从而启发自己的创作灵感。同时，通过提问和解答问题，用户也可以不断提升自己的 AIGC 工具应用能力。微信公众号便是一个学习交流的优质途径。关注与 AI 相关的知识类公众号，可以及时了解相关技巧与资讯，如图 2-6 所示。

图 2-6　微信公众号的 AI 资讯

3．资源网课

资源网课是另一种更为深入的 AIGC 工具学习途径。这些课程通常由行业专家或资深从业者教授，内容涵盖了 AIGC 的各个方面，从基础知识到高级应用都有所涉及。用户可以根据自己的学习需求和水平选择合适的课程进行学习。通过在线学习平台，用户可以随时随地观看课程视频、参与讨论、完成作业，与其他学习者互动交流。这种学习方式既灵活又高效，可以帮助用户系统地掌握 AIGC 工具应用技术，但可能也需要一定的成本。

> **实训板块**
>
> 实训项目：构建个人"AIGC 工具箱"。
>
> 请根据个人需求，选择并熟悉至少 3 种不同类型的 AIGC 工具。下载安装或是注册登录所选工具，尝试使用每种工具完成一个小项目，如自动生成一篇短文或创建一个简单的图表。将你完成的小项目发布至班级讨论群中。

PART 03

第 3 章
写作类 AIGC 工具实操技巧

学习目标

➢ 掌握写作类 AIGC 工具的操作。

➢ 熟练使用写作类 AIGC 工具生成内容。

➢ 能够将写作类 AIGC 工具应用在具体场景中。

素养目标

➢ 强化法律意识，坚持 AIGC 信息的真实性，维护网络空间的清朗。

➢ 提高理论素养，追求更高质量的 AIGC。

  一直以来，写作都是人类表达思想、传递情感、记录历史的重要手段。在数字化时代，写作正经历着前所未有的变革。写作类的 AIGC 工具可快速生成语句、文段与文章。这类工具不仅一定程度上继承了传统写作的精髓，更通过机器学习和自然语言处理等技术，获得了前所未有的高效率。

  写作类 AIGC 工具以其独特的优势，将逐渐改变人们的写作习惯。我们通过了解这种新型写作工具的特点和优势，可更好地把握未来的写作趋势，为创作注入更多的灵感和动力。

3.1　写作类 AIGC 工具介绍

写作类 AIGC 工具指能够生产文字内容的工具。它是 AIGC 领域应用最广泛的工具之一，从中也诞生出许多各具特色的软件。下面将介绍几款主要的写作类 AIGC 工具，以便大家更全面地了解它们的特点和应用场景。

3.1.1　ChatGPT

ChatGPT 全称为"Chat Generative Pre-trained Transformer"，它是一种基于深度学习的自然语言处理模型，旨在模仿人类对话风格，生成与人类对话相似的文本。ChatGPT 利用大量的文本数据进行训练，通过学习数据中的模式和规律来生成自然流畅的文本。基于用户输入的文字指令，ChatGPT 会以对话的形式生成与真人相似的回答，因此也可称其为"聊天型机器人"。

ChatGPT 的诞生和发展是近年来 AI 领域取得的一项重要突破。其最早于 2022 年11 月由 OpenAI 团队设计推出，并持续迭代与发展，截至 2024 年已有 GPT-3.5 和GPT-4 等主要版本。可以说正是 ChatGPT 的惊艳表现让 AIGC 走入大众视野，并掀起了 AI 热潮。ChatGPT 的图标如图 3-1 所示。

图 3-1　ChatGPT 的图标

3.1.2　文心一言

文心一言（ERNIE Bot）是百度基于文心大模型技术推出的生成式对话产品，是百度在 AI 领域深耕 10 余年后，拥有产业级知识增强文心大模型 ERNIE 的基础上，利用跨模态、跨语言的深度语义理解与生成能力开发的一款 AI 聊天机器人。与 ChatGPT功能类似，文心一言同样能够与人对话互动、回答问题、生成文章，高效便捷地帮助人们获取信息、知识和灵感。

除了生成文字，文心一言还可生成图像、表格等更多形式的内容。在多个领域，文心一言都展现出了强大的应用潜力，综合性较强。这使得它能够满足不同用户的不同需求，并在众多 AIGC 工具中取得亮眼的成绩。文心一言的图标如图 3-2 所示。

图 3-2　文心一言的图标

3.1.3　其他写作类 AIGC 工具

除 ChatGPT、文心一言外，还有许多各具特色的写作类 AIGC 工具可供用户选择，如表 3-1 所示。

表 3-1　其他写作类 AIGC 工具

工具名称	功能简介
Copilot	集成于 Microsoft 365 应用，如 Word、Excel 等，提供实时写作和编程建议；可利用 GPT 系列模型的自然语言处理能力，理解用户意图并生成相应内容
通义	基于云计算和大数据技术的智能问答系统，能够快速响应用户的查询，并提供准确、相关的答案；可免费使用文档和图片解析功能
讯飞星火	AI 大模型，有着丰富的插件和 AI 助手应用
智谱清言	基于国内自主研发的中英双语对话模型 GLM-4，以通用对话的形式为用户提供智能化服务，还具备免费画图、长文档解读、数据分析、联网功能
豆包	免费 AI 对话工具，提供网页端、iOS 端和 Android 端应用程序，可使用手机号和抖音账号登录
天工 AI	拥有强大的自然语言处理和智能交互功能，支持 AI 对话、搜索智能总结、阅读网页链接和快速写作
Kimi Chat	支持 20 万字上下文输入，可联网阅读网页链接内容，支持上传多种格式办公文档和图片进行解读

熟悉这些实用工具并熟练掌握其中几款的应用，对学习与工作大有益处。

在挑选适合自己的 AIGC 工具前，可主动了解市场上可用的写作类 AIGC 工具，查阅相关资源，如产品官网、用户评价、专业评测文章等，以获取 AIGC 工具的详细信息；再对比不同工具的特点，包括它们的自然语言处理能力、支持的写作类型、是否提供定制化选项、用户界面是否友好等。如果可能，可先尝试使用 AIGC 工具的免费试用版或演示版，亲身体验工具的功能和性能。最后，还需要了解这些写作类 AIGC 工具的局限，如字数输入限制、可能生成虚假内容等。

写作类 AIGC 工具仍然在不断进步和更新。持续关注所使用的 AIGC 工具的最新动态，是掌握 AI 领域发展前沿的重要途径。

3.2　写作类 AIGC 工具的应用场景

AIGC 技术日益成熟，写作类 AIGC 工具已应用于多个领域。它们能够协助创作者快速生成高质量的文本内容，模拟自然流畅的对话互动，提供优化建议，进行文本润色，甚至实现跨语言的无缝沟通。

熟悉这些具体的应用场景有助于后续有针对性地撰写提示词、使用 AIGC 工具，提高内容生成效率。

3.2.1　文章文案

文章文案是指通过文字来传达特定信息、情感或观点的内容形式。在各种场合，如职场、商业、学术、社交媒体等领域，文章文案都扮演着至关重要的角色。AIGC 技术在文章文案领域的应用，极大地提升了创作效率和质量。

文章文案是一个很大的类型，根据具体的场景，可分为 5 种具体类型，如表 3-2 所示。

表 3-2   文章文案类型

类型	描述
职场应用文	包括简历、求职信、报告、会议纪要等。AIGC 工具可快速生成格式规范、内容准确的职场应用文，帮助用户提升工作效率
商业营销文案	包括广告文案、产品描述等。AIGC 工具能精准把握品牌调性，创作引人入胜、转化率高的商业营销文案
新媒体文案	如社交媒体帖子、博客文章、公众号内容等。AIGC 工具能结合新媒体特点，创作出既吸引眼球又易于传播的新媒体文案
论文	在学术领域，AIGC 工具可以协助完成文献综述、论文摘要等部分，提高写作效率，同时确保学术规范和准确性
文艺作品	如小说、散文、诗歌等。AIGC 工具在保证作品原创性的基础上，能够协助创作者进行情节构思、语言润色等，丰富文艺创作的可能性

将生成文章文案的要求命令发送至 AIGC 工具的聊天对话界面，即可快速得到生成内容。下面的案例展示了利用文心一言生成诗歌的过程。

提示词：请写一首现代诗，主题是"冬去春来"。

AIGC 工具生成内容如下所示。

冬去春来

冬去春来又一年，

雪花融化草渐鲜。

寒风渐远暖阳近，

枝头鸟语唤新天。

文心一言内容生成界面如图 3-3 所示。

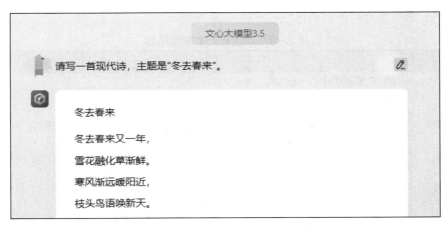

图 3-3   文心一言内容生成界面

3.2.2 对话互动

对话互动作为 AIGC 工具在交互性内容领域的核心应用之一，展现了人工智能在模拟人类语言习惯与思维方式方面的卓越能力。文心一言的对话界面如图 3-4 所示。

图 3-4　文心一言的对话界面

通过深度学习和自然语言处理技术，AIGC 工具能够与用户进行自然、流畅且高度个性化的对话互动。对话互动的应用场景广泛，也具有很强的实用性，包括情境模拟、情感交流、事务咨询、灵感启发等，如表 3-3 所示。

表 3-3　对话互动类应用场景

场景	简介	举例
情境模拟	AIGC 工具通过模拟不同情境，与用户进行角色扮演和互动	模拟面试、角色扮演游戏
情感交流	AIGC 工具以人性化的方式与用户进行情感交流	生活闲聊、心理疏导、倾听烦恼
事务咨询	AIGC 工具作为虚拟"行业专家"，为用户提供各种事务咨询服务	日程安排、健康建议、法律咨询、财务规划
灵感启发	AIGC 工具为用户提供创意灵感和启发	写作取材、设计思路
客户服务	在客户服务领域，AIGC 工具可以通过模拟对话，提供快速、准确的服务响应	解答常见问题、处理投诉、提供售后支持

与 AIGC 工具进行对话互动类似于使用微信、QQ 等通信工具对话，通过在聊天框发送对话内容即可完成。下面的案例展示了模拟面试的对话过程。

提示词：我是一名新媒体运营岗位的求职者，请你扮演我的面试官。接下来我们会进行模拟面试。请你一次提一个问题。

AIGC 工具生成内容如下所示。

好的，我将扮演面试官和你进行模拟面试。

首先，请你先简单自我介绍一下，包括你的教育背景、工作经验以及你为什么对新媒体运营这个岗位感兴趣。

提示词：你好，我叫小明，是武汉大学 2023 届的毕业生。我的专业是汉语言文学，我大学成绩优异，熟悉各种类型的文章写作。我曾经在两家公司的新媒体运营岗位实习，这个岗位充满挑战与机遇，让我心生向往。

AIGC 工具生成内容如下所示。

了解了你的背景后，我想了解一下你在新媒体运营方面的实习经历。能否具体描述一下你在实习期间的主要工作内容和取得的成果？

另外，我们注意到你在汉语言文学专业方面有着深厚的背景，你认为这个专业背景应在新媒体运营岗位中如何发挥作用？

…………

3.2.3　优化润色

除了直接生成文本内容，写作类 AIGC 工具还支持对文本进行优化润色，这是 AIGC 在文本质量提升方面的应用。AIGC 工具可对文本进行语句校对、风格调整、缩写扩写等操作，从而使文本更加流畅、易读。这一功能相当于承担"编辑校对"的工作，可极大地节省创作者的写作时间与精力。表 3-4 所示为优化润色的具体应用场景。

表 3-4　优化润色的具体应用场景

场景	描述
语句校对	检查文本中的语法错误、拼写错误和标点符号使用不当等问题，并提供相应的修正建议
风格调整	根据用户的需求或特定场合的要求，对文本的语言风格进行调整。例如，AIGC 工具可将文本从正式风格调整为轻松幽默的风格，或者将科技专业术语转换为通俗易懂的语言
缩写扩写	根据文本内容自动进行缩写或扩写。对于长篇文本，AIGC 工具可以智能地提炼出关键点，将文本压缩为简洁明了的概要；而对于简短的内容，AIGC 工具则能够补充细节，扩展文本的内容和深度
内容优化	除了基本的校对和风格调整，AIGC 工具还可以对文本的内容进行优化。例如分析文本的逻辑结构和语言表达，提供优化建议，使文本更加连贯、有说服力

利用 AIGC 工具可以节省校对与优化文本的时间，下面是一则利用 AIGC 工具修改

语病与错别字的案例。

提示词：请你修改下面这段文字中出现的语法与字词错误。

小明在昨天的比赛中发挥的非常出色，他的投篮技术精堪，让对手们望尘莫及。虽然比赛的过程很激烈，并且小明依然保持冷静，不断在场上调整自己的节奏。他的表现赢得了观众的热烈掌声，大家都纷纷表示他是一个很有潜力的球员。

AIGC 工具生成内容如下所示。

在这段文字中，存在以下语病和错别字。

"发挥的非常出色"中，"的"应改为"得"，因为"得"在这里作补语的标志，表示程度。

"精堪"应为"精湛"，"堪"是一个错别字，"精湛"表示技术高超、熟练。

"并且小明依然保持冷静"这句话中，"并且"使用不当，因为前后句子之间并没有并列关系，可以删除和"虽然""并且"。

修改后的内容如下。

小明在昨天的比赛中发挥得非常出色，他的投篮技术精湛，让对手们望尘莫及。比赛过程很激烈，小明依然保持冷静，不断在场上调整自己的节奏。他的表现赢得了观众的热烈掌声，大家都纷纷表示他是一个很有潜力的球员。

3.2.4 语言翻译

AIGC 工具的语言翻译功能是指利用人工智能和机器学习技术，实现不同语言之间的自动翻译。这一功能在全球化日益加速的今天显得尤为重要。AIGC 工具不仅能够快速地将一种语言转换为另一种语言，还能保持原文的语义、语调和风格，使翻译结果更加准确、自然。对比传统翻译工具，AIGC 工具显得更加灵活、强大。

下面的案例中，AIGC 工具准确地翻译了散文名篇《荷塘月色》，且仅用了数秒钟。

提示词：请你将下面这段话翻译成英文。

这几天心里颇不宁静。今晚在院子里坐着乘凉，忽然想起日日走过的荷塘，在这满月的光里，总该另有一番样子吧。月亮渐渐地升高了，墙外马路上孩子们的欢笑，已经听不见了；妻在屋里拍着闰儿，迷迷糊糊地哼着眠歌。我悄悄地披了大衫，带上门出去。

AIGC 工具生成内容如下所示。

My heart has been quite unsettled these days. Tonight, sitting in the yard to cool off, I suddenly thought of the lotus pond I passed by every day. In the light of the full moon, it must have looked different. The moon rose gradually, and the laughter of the children on the road outside the wall could no longer be heard. My wife was patting Runer in the room, humming a lullaby in a daze. Quietly, I put on my overcoat, closed the door, and went out.

3.3　写作类 AIGC 工具提示词设计步骤

使用写作类 AIGC 工具，提示词的设计至关重要。精心设计的提示词不仅能引导 AIGC 工具生成符合预期的内容，还能极大地提高生成内容的质量和效率。下面将探讨针对写作类 AIGC 工具的提示词设计步骤，以帮助大家实现高效率与高质量的写作。

3.3.1　明确应用场景

设计针对写作类 AIGC 工具的提示词的第一步是明确应用场景，或称明确写作目标，即明确需要 AIGC 工具生成哪个领域与类型的文本内容及其使用场景。

这一环节的确认与用户个人的需求高度相关，且需遵循以下原则。

1. 具体性

应用场景越具体，越有利于 AIGC 工具的内容生成，因此描述应用场景的语言不可模糊不清。

模糊的描述语言： 写一篇文案	具体的描述语言： 写一篇商业广告营销文案

在上一节"写作类 AIGC 工具的应用场景"中详细介绍了写作类 AIGC 工具的四大应用场景——文章文案、对话互动、优化润色与语言翻译，并介绍了这四大应用场景的具体细分场景。为了保证具体性，用户可对照上一节的具体细分场景明确需求。

2. 独一性

独一性是指一则提示词中只设置一项应用场景，避免用 AIGC 工具一次生成过多不同类型的内容而导致生成内容过于杂乱。

杂乱的描述： 生成一份应届生求职简历、 一份学习计划和一篇影评。	独一的描述： 生成一份应届生求 职简历。

3.3.2　确认细节要点

设计针对写作类 AIGC 工具提示词的第二步是确认细节要点，指在明确应用场景的基础上进一步确认更多细节要求，让提示词完整、丰富、具备实操性。提示词的丰富程度直接影响其生成质量。

下面的案例展示了两类不同的提示词。

提示词①：写一篇商业广告营销文案。

AIGC 工具生成内容如下所示。

穿越星际，探索未来——与[品牌名]一起开启您的梦想之旅

品牌的力量，成就您的梦想！[品牌名]，一直以来都是创新和质量的代名词。我们的产品，就像一艘艘坚固的宇宙飞船，助您冲破一切阻碍，实现您的梦想。

优惠活动，不容错过。为庆祝我们的新品上市，现在购买[品牌名]产品，即可享受××折优惠！

提示词②：请你写一篇商业广告营销文案，该广告主体是 A 品牌的电动 mini 汽车。**主要受众**是年轻群体，尤其是女性。**风格**需要活泼、青春、靓丽。另外**字数**要控制在 50 字以内，确保简约吸睛。

AIGC 工具生成内容如下所示。

青春靓丽，小巧灵动，驾驭时尚，释放活力，你的城市新宠！

轻松出行，环保又拉风，迷你魅力，只为你绽放！

从上面的案例中不难发现，如果仅仅将"写一篇商业广告营销文案"作为提示词发送给 AIGC 工具，其生成的内容将会过于宽泛，缺乏针对性，也难以直接应用；而在第二个案例中，提示词的要求精确至广告主体、主要受众、风格和字数，相应地，AIGC 工具生成的内容也更具针对性。

在使用写作类 AIGC 工具时需要从多个维度仔细审视和确认细节，只有对写作目标、文本风格、受众群体等细节进行充分的思考和规划，才能让其生成更加精准、实用的文本。

表 3-5 从多个维度提供了针对写作类 AIGC 工具的提示词设计要点。在设计提示词与实际操作工具时，可以有针对性地参考。

表 3-5　写作类 AIGC 工具提示词设计要点

维度	说明	提示词举例
框架	所需内容包括的板块、环节、细分内容	列出不同绩效水平对应的激励措施，包括奖金、晋升、培训等框架板块
风格	某种文体/平台/写作手法/作者的风格特点	符合公文写作的风格/符合小红书平台的风格
禁忌事项	需要避免的事项	不需要解释/不需要包括我已经给出的内容
格式	所需内容的呈现方式	整合成一段话/以表格的形式/以代码的形式/需要×级标题
字数	所需内容的字数	不超过 2000 字
受众	所需内容面向的人群受众	面向女性群体/面向 12 岁以下儿童
目的	文本想取得的效果与目标	激发购买欲望/提高品牌知名度
语言	文本的语言类型与水平	以中文写作/翻译成英语/以日语初学者的口吻写作

3.3.3 完善提示词

经过明确应用场景与确认细节要点两大步骤后，一段完整提示词所需的信息已基本成形。为了让 AIGC 工具快速理解并把握重点信息，还需继续完善提示词，使其结构清晰、要点明确。具体来讲，完善提示词要遵循以下五大原则。

1. 结构清晰

提示词应当具备明确的逻辑结构，按照信息的重要性或相关性进行排列。这样 AIGC 工具能够迅速识别出关键信息，并按照预设的逻辑顺序进行处理，避免信息混乱和遗漏。

一般将应用场景（或称需求）和细节要点（或称要求）以分段的形式分为两个板块，使其直观易读。

2. 重点突出

在提示词中，应当通过使用换行、序号、标点符号等技巧，突出重要信息。重点突出的提示词有助于提高 AIGC 工具对特定信息的敏感度，增强生成内容的针对性。

以上两点如图 3-5 所示。图中的示例将需求单独置于一行，再换行分点介绍具体的细节要求。

图 3-5　提示词示例

3. 语言简练

提示词应当使用简洁明了的语言，避免使用冗长复杂的句子和过多的修饰词。简练的语言有助于减轻 AIGC 工具处理信息的负担，提高处理速度；同时简练的语言也更容易被 AIGC 工具理解和识别，可以减少产生误解和偏差的可能。

设计提示词时可以多用短句，少用长句，精简信息。

4. 易于理解

提示词应当使用通俗易懂的语言，避免使用过于专业或生僻的词汇。这一原则可使 AIGC 工具更好地理解用户的意图和需求，从而生成更符合用户期望的内容。

提示词中尽量使用可以量化的词汇或描述具体的场景，如将"不要太长"改为"300字以内"。另外，少用生僻字句，多用直白表达。

5. 善用提问法

善用提问法有助于提高 AIGC 工具生成的效率与生成内容的质量。部分提问法如表 3-6 所示。

表 3-6　部分提问法

名称	介绍	举例
角色扮演法	让 AIGC 工具扮演某个角色，如专家、学者、名人等，解决专业领域问题	假如你是一名营销文案写作高手； 假设你是大诗人李白
示例法	为 AIGC 工具提供案例，使其学习模仿	请学习领悟下面这些广告文案的特点： 1. 钻石恒久远，一颗永流传； 2. 唯美食与爱不可辜负； 3. 百度一下，你就知道
模板法	提供固定模板，让 AIGC 工具补充完整	以"亲情"为主题，用"最……的不是……，而是……"句式造句，一共造 10 句，每句字数不少于 30 字

遵循以上原则，可以将一条较为粗糙的提示词打磨得更为清晰明了、内容丰富。下面仍然以商业广告营销文案的生成为例。

示例如下。

提示词完善前： 请你写一篇商业广告营销文案，该广告主体是 A 品牌的电动 mini 汽车。主要受众是年轻群体，尤其是女性。风格需要活泼、青春、靓丽。另外字数要在 50 字以内，确保简约吸睛。

提示词完善后： 假设你是一位营销文案大师，请你撰写商业广告营销文案，具体要求如下。

1. 该广告主体是 A 品牌的电动 mini 汽车。

2. 主要受众是年轻群体，尤其是女性。

3. 风格需要活泼、青春、靓丽。

4. 字数要在 50 字以内，确保简约吸睛。

5. 请模仿下面这些文案的风格："抓住春节的尾巴，再野一回。""加一箱逃离城市的油吧。"

AIGC 工具生成内容如下所示。

青春动力，酷炫出行。

追逐风的自由，释放不羁活力，A 品牌电动 mini 汽车，你的都市时尚标签！

3.3.4　追问

尽管 AIGC 技术在写作领域已取得极大进步，但仍不能完全取代人类写作。作为操作 AIGC 工具的人，需要依靠自己的判断力审读生成内容，并查漏补缺、反馈优化、力求完善。写作类 AIGC 工具能够理解与用户的上下文对话，这便使追问成为可能。

1. 追问的定义

追问指在 AIGC 工具生成内容之后，通过再次发送提示词指令的方式，让它修改自己生成的内容。用户可以通过扩写、补充、润色、转换、批评指正等技巧让 AIGC 工具对生成内容进行完善，如表 3-7 所示。

表 3-7　追问提示词

名称	介绍	提示词举例
扩写	指定某一部分，让 AIGC 工具扩写	请将第×点内容扩写到 300 字
补充	指定某一部分，让 AIGC 工具丰富更多内容	请给第×点补充更多的细节
润色	优化生成内容的语言准确性和风格倾向	请对第×部分的内容进行润色，使其表达更正式
转换	修改某一部分的格式	请将第×部分内容用表格的形式呈现
批评指正	指正某一部分的错误，并要求修改	第×部分的说法有误，请你改为正确说法
发散思考	就某一部分提供更多可能性，引导 AIGC 工具继续思考	对于第×点，还有哪些可行的方案？请你列出
质疑提问	对 AIGC 工具生成的内容提出进一步的问题	为什么你会说"××是××"？
总结归纳	要求 AIGC 工具总结并归纳其生成的内容	现在请你将你生成的内容归纳总结为×个小点

AIGC 工具通过维护对话历史的状态来理解上下文，这意味着它能够记住之前的对话内容，并将其作为当前交互的一部分来参考。这样，用户就可以就某一领域话题持续讨论与提问，进行"打破砂锅问到底"的提问。

2. 追问与连续对话的重要性

追问与连续对话是使用写作类 AIGC 工具时一个相当有效的技巧。通过追问，用户可以获得更深层次的信息和更具体的细节，这有助于写作类 AIGC 工具全面理解某个话题或问题。连续对话能使写作类 AIGC 工具根据用户提供的额外信息或上下文调整其回答，生成更准确和个性化的内容。另外，追问和连续对话充分模拟了现实生活的对话情境，为用户提供了一种更自然、更类似人类对话的交互方式。

3. 追问案例

使用追问提示词，用户可以将一个复杂的任务拆解为多个小任务，从而连续提问、逐一击破。下面一组追问案例展示了这个技巧的效果。

提示词①：请介绍向顾客销售产品的 4 个有效策略。

AIGC 工具生成内容如下所示。

向顾客销售产品的 4 个有效策略如下。

1. 提升产品价值

专注于增加产品的附加值，这可以通过提升产品质量、技术含量、服务质量或品牌形象等来实现。提高性价比，让顾客感觉购买你的产品是物超所值的选择，从而刺激其购买欲望。

2. 买赠促销

实施买一赠一、买二赠一或其他形式的捆绑销售策略。这类促销方式不仅能够提升单次交易额，还能以比直接降价更吸引人的方式促进销售，同时维护产品的市场价值感。

3. 会员营销

建立会员制度，为会员提供专属优惠、积分累计、会员专享活动等，以此提高顾客的忠诚度和复购率。会员营销有助于长期锁定客户群，促进其持续消费。

4. 问诊式销售方案

通过深度了解顾客的需求和痛点，采用咨询顾问式的销售方式。销售人员应具备良好的倾听和沟通能力，通过提问引导顾客表达真正需求，然后有针对性地推荐解决方案，建立信任并促成销售。

提示词②：请具体介绍一下策略1。

AIGC 工具生成内容如下所示。

策略1是提升产品价值，这一策略的核心在于通过各种手段增强产品对顾客的吸引力，使其在市场竞争中脱颖而出，从而支撑更高的价格或者促进销售。以下是一些具体的实施方法。

1. 提升产品功能与质量：不断研发创新，提升产品的核心性能和耐用度。确保产品能满足或超越顾客的期望，解决他们的实际问题。例如，如果是一款电子产品，可以通过使用新技术、提升处理速度、延长电池寿命等方式来完善其功能。

2. 优化设计与用户体验：外观设计和用户界面的优化可以极大地提升产品的吸引力。好的设计不仅美观，还能提升产品使用的便捷性和舒适度，让用户在使用过程中获得愉悦感。

3. 打造品牌故事：构建有吸引力的品牌故事，强调品牌的独特价值、历史传承或社会责任，可以增加产品的情感价值。一个动人的品牌故事能让顾客与产品建立情感连接，提升其忠诚度。

4. 提供卓越的客户服务：包括售后服务、个性化定制服务、快速响应机制等，这些都能显著提升顾客满意度，使产品在顾客心中的价值得到提升。优质的服务体验可以让顾客觉得他们购买的不仅仅是产品本身，还包括服务。

5. 创造稀缺性与独特性：限量版产品或定制化服务可以创造产品的稀缺感，提高其独特价值。人们往往愿意为独一无二或难以轻易获取的产品支付更高的价格。

提示词③：现在我有一款轻薄商务笔记本电脑，请你结合策略1的技巧要点，为我设计一套向顾客推销的话术。

AIGC 工具生成内容如下所示。

尊敬的顾客，非常高兴为您介绍我们精心打造的这款轻薄商务笔记本——［产品名称］，它不仅仅是一件科技产品，更是您高效工作与优雅生活的完美伙伴。

首先，让我们谈谈它的设计。［产品名称]采用了超轻薄设计，厚度仅为××毫米，重量不过××克，可轻松放入您的公文包或背包。您无论是穿梭于都市高楼还是远程出行，都能将其随身携带，毫无负担。我们深知，对于追求效率的您而言，便携性至关重要。

［产品名称］的轻盈外表之下，隐藏着一颗强大的心脏。它搭载了最新一代××处理器，配合高速固态硬盘和高容量内存，确保对多任务处理游刃有余。从进行复杂的数据分析到流畅运行专业软件，［产品名称］都能助您一臂之力，让工作效率倍增。

我们知道，商务人士最忌讳的就是电量焦虑。因此，［产品名称］配备了超长续航电池，一次充电可支持长达××小时的连续使用，即便是在长途飞行中也能保证您的工作不间断，让您将灵感随时记录。

安全是商务笔记本电脑的核心要素之一。［产品名称］特别内置了指纹识别与面部解锁功能，结合最新的数据加密技术，可确保您的商业机密和个人隐私得到全方位保护，让您用得放心。

作为负责任的企业，我们注重环保与可持续发展。［产品名称］的外壳采用回收材料制成，可减少对环境的负面影响，同时不牺牲任何质感与耐用性。选择［产品名称］，也是您对绿色地球的一份贡献。

最后，每一位［产品名称］的拥有者都将加入我们的尊享会员计划，享受定制服务、优先技术支持及定期的软件升级，确保您的设备始终处于最佳状态。

更多追问如下所示。

你的这则话术用语太书面，请修改成更口语化、更亲切的版本。

请分别面向学生、25～30 岁职场女性和 40 岁商务男性改写 3 个版本的话术。

将以上话术修改为短视频的口播脚本，并用表格的形式呈现。

3.4　应用案例分析：新媒体写作

新媒体写作指的是利用新媒体平台进行的创作活动，包括博客、微博、微信公众号、知乎等。它要求作者具备快速适应新媒体特点的能力，以吸引读者和满足读者的阅读需求。

进入互联网时代，新媒体写作的需求量大增。撰写一篇优秀的文章也成为新媒体运营人员的普遍追求。下面将逐步分析如何利用 AIGC 工具完成一篇新媒体文章的写作。

场景如下。

技术的发展引起时代的变革，AIGC 技术取得的成果让人们刮目相看，人们也意识到 AI 时代即将来临。面对新时代的浪潮，我们需要做些什么才能紧跟时代？请根据这一主题撰写一篇公众号文章，并发布在你的大学校园微信公众号上。

1. 分析应用场景和细节要求

不难看到，上述场景要求撰写一篇校园公众号文章，主题为"如何紧跟 AI 时代"，面向的群体是大学生。另外，撰写时还需考虑微信公众号文章的内容一般较为通俗化、口语化、容易理解和接受。

除此之外，一篇完整的微信公众号文章往往较长，目前的 AIGC 工具很难一次性完成全部内容。因此，可以将写作任务拆分为几个步骤，通过设计多个提示词与连续对话完成写作。

2. 设计并完善提示词，获得标题与大纲

在设计并完善提示词时，用户要遵循结构清晰、重点突出、语言简练、易于理解、善用技巧的原则。对于案例中的微信公众号文章的写作要求，下面的提示词点明了其应用需求和具体细节要点。

提示词： 假设你是一位优秀的新媒体写作者，请你为一篇校园微信公众号文章撰写 5 个标题，具体要求如下。

1. 这篇微信公众号文章的主题是：技术的发展引起时代的变革，AIGC 技术取得的成果让人们刮目相看，人们也意识到 AI 时代即将来临。面对新时代的浪潮，我们需要做些什么才能紧跟时代？

2. 文章的受众：大学生群体。

3. 标题风格：有趣、有悬念、具有吸引力。

4. 字数：每个标题不超过 20 字。

AIGC 工具生成内容如下所示。

AI 时代在召唤，你准备好了吗？

AIGC 技术冲击，大学生如何迎接未来？

这一浪潮正在席卷校园，你准备好了吗？

掌握 AI 魔法：大学生如何成为时代的引领者？

未来已来：新时代浪潮下你该如何乘风破浪？

除了生成标题，在这则提示词的基础上进行修改，还能快速生成这篇微信公众号文章的大纲。

提示词： 假设你是一位优秀的新媒体写作者，请你为一篇校园微信公众号文章撰写一份大纲，具体要求如下。

1. 这篇微信公众号文章的主题是：技术的发展引起时代的变革，AIGC 技术取得的成果让人们刮目相看，人们也意识到 AI 时代即将来临。面对新时代的浪潮，我们需要做些什么才能紧跟时代？

2. 文章的受众：大学生群体。

3. 大纲风格：有趣、有悬念、具有吸引力、简单易读。

4. 大纲标题数量：不少于 3 个大纲标题。

AIGC 工具生成内容如下所示。

以下是为您提供的微信公众号文章大纲。

一、面对 AI：我们站在新时代的门槛上

- 引入 AIGC 技术的快速发展和其对时代的深远影响。
- 强调 AI 时代的来临，以及大学生群体作为未来社会主体的角色。
- 提出问题：面对 AI 时代，大学生们该如何应对？

二、AI 时代"航海图"：如何紧跟时代步伐？

- 探讨 AI 技术在学习、生活、就业等方面的实际应用。
- 提供实用建议，如学习 AI 相关知识、掌握 AI 技能等。
- 强调创新和适应变化的重要性，鼓励大学生勇于尝试新事物。

三、未来已来，你准备好了吗？

- 分析 AI 时代可能带来的挑战和机遇。
- 鼓励大学生保持开放心态，积极拥抱变化。
- 以激励性的语言结尾，激发大学生们紧跟时代、创造未来的热情。

3. 反馈追问，完成正文

依托理解上下文的功能，用户可以通过追问命令 AIGC 工具扩写大纲内容，完成一篇完整的微信公众号文章。

提示词示例如下。

提示词：请你根据刚刚生成的大纲，完成"一、面对 AI：我们站在新时代的门槛上"的正文内容，不少于 500 字。

AIGC 工具生成内容如下所示。

一、面对 AI：我们站在新时代的门槛上

随着科技的飞速发展，AIGC 技术如一颗璀璨的明星，在时代的夜空中熠熠生辉。它的出现，不仅刷新了我们对技术的认知，更预示着一个全新的 AI 时代即将来临。

在这个时代，AI 不再是一个遥不可及的概念，而是深入到了我们生活的方方面面。从智能家居到自动驾驶，从在线教育到医疗诊断，AI 的身影无处不在。它改变了我们的生活方式，也重塑了我们对未来的想象。

作为新时代的大学生，我们站在了这个变革的门槛上。我们既是见证者，也是参与者。我们见证了 AI 技术的飞速发展，也亲身感受到了它给我们的生活带来的巨大变化。我们不再满足于传统的学习方式，而是渴望通过 AI 技术获取更多的知识；我们不再局限于传统的就业领域，而是敢于挑战新兴行业，勇于创新。

然而，面对 AI 时代的来临，我们也不得不思考：我们准备好了吗？我们是否具备应对这个新时代所需的知识和技能？我们是否能够抓住这个时代带来的机遇，迎接它带来的挑战？

答案当然是肯定的。作为大学生，我们有着得天独厚的优势：年轻、有活力、敢于创新。我们只要保持学习的热情，不断提升自己的能力和素质，就一定能够紧跟时代的步伐，成为这个新时代的引领者和创造者。

让我们拥抱 AI 时代，迎接它带来的无限可能。在这个新时代里，我们将一起成长、一起进步、一起创造美好的未来。

AIGC 工具能够在数十秒的时间内生成以上内容，也能对修改的命令快速做出反应。如果对内容不满意，可通过再次追问或补充更多信息来优化。

追问提示词示例如下。

这部分文字口吻太正式，请修改得更加轻松有趣。

请在这部分内容的开头加入 3 则真实案例，使人直观感受到 AI 的重要性。

请将"答案当然是肯定的……"这一段扩写至 300 字。

实训板块

实训项目：使用写作类 AIGC 工具完成班级介绍文章。

假设你所在的班级开设了一个微信公众号，目的是向学校师生、家长或社会群体介绍班集体的学习生活。请结合所在班级的实际情况与日常活动，设计一份微信公众号文章提示词，生成一篇不少于 1000 字的介绍文章。

注意，可以通过反馈和追问对内容进行持续优化。文章撰写完毕后，请尝试在写作类 AIGC 工具的帮助下选出 3 篇写得比较好的文章。

PART 04

第 4 章
图表类 AIGC 工具实操技巧

学习目标

➢ 掌握图表类 AIGC 工具的操作。

➢ 熟练使用图表类 AIGC 工具制作图表。

素养目标

➢ 培养严谨思维，制作合规图表。

➢ 注重数据的真实性和完整性，坚持实事求是的原则。

　　图表是一种直观展现数据、解析规律、传达复杂信息的不可或缺的媒介。在 AIGC 技术大发展的背景下，图表制作与分析领域也迎来一场革命性的发展。本章将聚焦于图表类 AIGC 工具的实操技巧，探讨如何借助这类工具高效创作并制作、解读各类可视化图表。借助 AIGC 工具，图表生成不再是一个烦琐的过程。通过简单的指令或预设模板，这些工具可很快满足不同场景下的可视化展示需求。

4.1 图表类 AIGC 工具介绍

图表类 AIGC 工具，作为能够自动绘制和呈现数据图表的智能助手，已成为数据分析与可视化领域不可或缺的重要工具。它们不仅能够快速将内容转化为直观易懂的图表形式，还具备强大的定制功能和智能分析能力，能帮助用户更高效地理解和利用数据。下面将详细介绍几款主流的图表类 AIGC 工具，以便更全面地了解它们的特点和应用场景。

4.1.1 WPS AI

WPS AI 是一款集成在金山软件公司出品的办公软件 WPS Office 中的人工智能助手。它集成了多种 AI 功能，能够提高办公效率。在图表类功能方面，WPS AI 拥有强大的图表生成能力。用户只需提供数据与提示词指令，WPS AI 就能自动创建各种类型的图表，如柱状图、折线图、饼图等，帮助用户更直观地展示数据结果和趋势。

WPS AI 不仅能生成基本的图表，还能进行复杂的数据分析，如自动计算统计量、识别数据模式和趋势，甚至提供数据洞察，为用户的决策提供支持。此外，WPS AI 还具备智能纠错功能，能够识别并修正数据输入中的错误，确保图表的准确性。

借助以上图表功能，无论是面对商业报告、学术研究还是日常办公，即使是非专业人士也能通过 WPS AI 轻松进行数据可视化，极大地提升工作效率。

在国产智能办公应用领域，WPS AI 的表现引人注目，其图标与宣传语如图 4-1 所示。

图 4-1　WPS AI

4.1.2 Xmind AI

Xmind AI 是思维导图软件 Xmind 推出的智能增强功能模块，其结合 AI 技术，为用户提供更为智能、高效的思维可视化解决方案。该工具集成在 Xmind 的核心产品中，可以使用户在创建和编辑思维导图时享受 AI 带来的便利与创新体验。

利用 Xmind AI，用户可以通过自然语言输入快速生成思维导图结构，减少手动创建节点和连线的工作量。Xmind AI 能够识别并解析用户的意图，智能推荐相关的主题分支、连接关系，以及合适的图标、标签等元素，从而提升思维梳理的速度和质量，其图标如图 4-2 所示。

图 4-2　Xmind AI 的图标

4.1.3　其他图表类 AIGC 工具

图表类 AIGC 工具非常丰富，功能也各有侧重，其他图表类 AIGC 工具如表 4-1 所示。

表 4-1　其他图表类 AIGC 工具

工具名称	功能简介
文心一言	依托强大的自然语言处理能力，能生成多种图表，支持智能编辑与分享
百度文库 AI	可进行思维导图生成，支持读取文档
TreeMind	新一代的 AI 思维导图软件。提供智能思维导图制作工具和丰富的模板，支持思维导图（又称脑图）、逻辑图、鱼骨图、组织架构图、时间轴、时间线等多种专业格式
知犀 AI	一键生成思维导图的 AI 软件，还可以选中任意主题无限拓展灵感。支持随时随地在线生成、编辑、导出思维导图
Sheet Chat	支持智能创建和编辑表格、生成图表、翻译内容，甚至可以与表格进行对话，获取洞察和帮助

要想掌握这些图表类 AIGC 工具，首先需了解其功能，明白它们能做到什么、解决什么。通过了解功能，便可以确定工具的应用场景。

4.2　图表类 AIGC 工具的应用场景

前面已经介绍了多款图表类 AIGC 工具及其功能，它们不仅能提升图表制作的效率，也能丰富内容的视觉呈现方式。接下来将进一步探讨这些图表类 AIGC 工具的应用场景。

4.2.1　表格

表格是数据处理和信息展示的关键工具，其重要性不言而喻。无论是企业管理、财务分析还是科研数据整理，表格都发挥着至关重要的作用。而图表类 AIGC 工具在 Excel 等表格领域的应用，极大地提升了内容整理的效率。

在制作与处理 Excel 表格时，AIGC 工具能在许多方面起到作用，如表 4-2 所示。

表 4-2　AIGC 工具在制作与处理 Excel 表格中的应用

类型	描述
根据内容生成表格	用户可通过口头指令或文字输入向 AIGC 工具描述数据结构或内容概要，由其理解这些指示并据此自动生成表格
根据表格生成图	AIGC 工具可根据表格内容自动生成不同类型的图，如饼状图、条形图、折线图等
自动生成公式	在面对复杂的数据计算或逻辑关系时，AIGC 工具可智能识别表格中的数据模式，并根据用户的需求自动插入恰当的 Excel 公式
快速处理表格	AIGC 工具可以帮助用户快速完成大量烦琐的数据清洗和格式化任务，如批量修改单元格格式、清理无效数据、统一格式、进行智能填充以解决诸如时间序列、序列编号等问题
快速统计	快速汇总数据，执行复杂的条件统计分析，例如用户可以请求 AIGC 工具对特定列按照多种条件分类计数、计算百分比、生成交叉表等
数据问答	用户可就表格内容与 AIGC 工具聊天，快速获得所需信息

这些由 AIGC 工具处理数据与表格的任务场景，都只需用户提供简单的文字提示词来操作。下面的案例展示了通过文心一言将一组数据快速生成表格。

提示词：

请将下面的内容整理为简洁直观的表格。

学生李四，学号 S002，现代汉语 79 分，新媒体概论 92 分，广告学 75 分。

学生王五，学号 S003，现代汉语 82 分，新媒体概论 86 分，广告学 90 分。

学生赵六，学号 S004，现代汉语 68 分，新媒体概论 74 分，广告学 83 分。

学生孙七，学号 S005，现代汉语 91 分，新媒体概论 89 分，广告学 77 分。

学生周八，学号 S006，现代汉语 76 分，新媒体概论 80 分，广告学 85 分。

AIGC 工具生成内容：

以下是基于您提供的信息整理的表格：

学生姓名	学号	现代汉语/分	新媒体概论/分	广告学/分
李四	S002	79	92	75
王五	S003	82	86	90
赵六	S004	68	74	83
孙七	S005	91	89	77
周八	S006	76	80	85

包括文心一言在内的绝大部分写作类 AIGC 工具都支持生成表格，用户只需在提示词中明确指令"请你以表格的形式……"。下面的提示词示例都能让 AIGC 工具生成表格。

我想成为一名程序员，请你用**表格的形式**为我整理这个职业所需要的能力与素养。

请你将"马斯洛需求层次理论"整理为简单直观的表格。

请你为我制定一份大学生日常作息表，用表格的形式呈现。

除了利用文本内容快速生成表格，另外一些专门的表格类 AIGC 工具还支持对表格中的数据进行计算与处理。图 4-3 所示为利用 WPS AI 快速计算某班级的成绩排名的示例。

图 4-3　利用 WPS AI 快速计算某班级的成绩排名

4.2.2　图

图是一种可视化思维工具，通过形象的图形结构展现主题及其相关概念间的层级关系，帮助人们发散思考、整理文字或数字信息、增进记忆与理解力。常见的图有思维导图、鱼骨图、雷达图等。AIGC 工具在此方面的具体应用场景如表 4-3 所示。

表 4-3　AIGC 工具在处理图中的应用

类型	描述
自动生成图	用户输入一段文字等信息，AIGC 工具能够智能识别关键词、主题和子主题，自动生成相应的图
快速编辑与优化	在创建和编辑过程中，AIGC 工具能够辅助调整图的逻辑性与美观度
图表数据与图的转化	将表格转化为图，实现高效的数据分析与图像可视化

图 4-4 所示为利用 Xmind AI，通过提示词快速生成思维导图的过程。

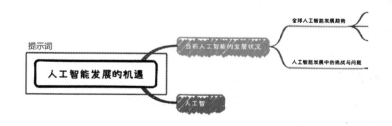

图 4-4　利用 AIGC 工具生成思维导图

4.3 图表类 AIGC 工具提示词设计步骤

因极高的生成效率，图表类 AIGC 工具已逐渐成为高效创作可视化内容的重要助手。掌握其使用技巧不仅能大幅节省时间和精力，还能提升信息组织能力。使用图表类 AIGC 工具同样需要使用准确的提示词，并遵循一定的步骤。

4.3.1 找对工具

利用图表类 AIGC 工具生成内容的第一步便是找对工具。选择最佳图表类 AIGC 工具需要综合考虑自身需求、工具特点，以及实际操作体验等多个方面。只有这样，才能找到最适合自己的工具，提升工作效率和图表质量。

目前，市面上能够生成图表内容的工具往往各有所长，因此也需要从中进行选择，找到最佳选项。

在这一步，首要原则是匹配自身需求与工具功能，明确使用工具想要传达的信息类型和目的。当遇到某种需求时，可对照 AIGC 工具的介绍页面，选择具有相应功能的工具。如 WPS AI 就具备处理表格数据的功能，Xmind AI 则尤其擅长生成思维导图。

另外，对于图表类 AIGC 工具，需要摸索，也需要进行实际的操作。尝试使用工具的免费版或试用版，亲手制作一些图表，看看它们是否符合我们的预期和需求。通过这个过程，我们可以更直观地了解工具的操作难度、功能完善程度及生成的图表质量。

4.3.2 明确提示词要点

相比写作类 AIGC 工具，使用图表类 AIGC 工具时所需的提示词更为简单、精练。这是因为相较于写作类 AIGC 工具在生成文本时可能需要详细的故事情节、论述逻辑或者情感基调等复杂提示词，图表类 AIGC 工具在处理数据可视化任务时，所需的提示词通常简洁明了。

也正因简洁明了的特点，撰写针对图表类 AIGC 工具的提示词的关键原则便是明确要点、精准概括，即明确使用 AIGC 工具要达到的目的和生成的内容。下面将通过具体的应用场景详细介绍撰写提示词的要点。

1. 数据处理类型

复杂表格的数据处理类型非常多。熟悉这些数据处理类型有助于设计提示词。常见的数据处理类型如表 4-4 所示。

表 4-4 常见的数据处理类型

数据处理类型	描述
数据输入	在单元格中输入文本、数字、日期等信息
数据格式化	设置单元格的字体、颜色、对齐方式等

续表

数据处理类型	描述
数据排序	按照某一列或多列的值对数据进行升序或降序排序
数据筛选	使用筛选功能过滤出满足特定条件的数据
查找和替换	在表格中查找特定内容并进行替换
数据合并与拆分	合并多个单元格的内容，或将一个单元格拆分成多个单元格
插入函数	使用 Excel 内置的函数进行计算，如求和、平均值、最大值、最小值等
公式计算	创建自定义公式进行复杂计算
图表创建	根据数据创建各种类型的图表，如柱状图、折线图、饼图等

2. 图表类型

作为可视化领域的重要内容，图表拥有源远流长的发展历史，也衍生出许多细分类型。在撰写提示词时，这些图表类型的名称就是提示词的核心要点。

熟悉不同类型的图表适用于何种场景，有助于快速确定要点，从而组织好提示词。图表类型如表 4-5 所示。

表 4-5 图表类型

类型	介绍	适用场景
柱状图	通过长短不一的垂直或水平柱子表示各类别的数值大小	显示各个类别的相对数量或比例，适用于静态数据对比分析，如产品销售额对比、各地区人口数量等
折线图	通过线段连接数据点表示数据随时间或其他连续变量的变化趋势	显示数据随时间变化的趋势或相关性分析，例如股票价格走势、气温变化记录等连续数据
饼图	将数据总体分成几个扇区，每个扇区的面积代表其所占总体的比例	表示整体中各部分所占百分比，适用于直观展示组成结构，如市场占有率、调查问卷各答案所占比例等
散点图	通过坐标轴上的点来表示两个变量之间的关系，点的位置由对应的两个值决定	显示两个变量间是否存在某种关系，常见于回归分析、相关性研究等
面积图	类似折线图，但折线下的区域被填充颜色，强调累计数量或总量随时间的变化情况	强调随着时间变化的数据积累效果，尤其在需要突出显示趋势强度时有用，如资源消耗过程、销售累计额等
雷达图	多个变量围绕中心点辐射出的图形，半径表示变量值大小，形状展现各维度的综合比较	评估和比较多个定量属性的整体表现，特别适用于评价多维度能力或性能，如个人综合素质评价、产品特性对比等
表格	二维数据布局，行列交叉处填写数据，用于存储、组织和管理大量数据	涉及数据记录、统计、分类和排序，几乎适用于所有需要清晰列出具体数值和数据细节的场景
漏斗图	层次型图形，上宽下窄，显示过程中逐步减少的现象，每一阶段的转化率	涉及销售转化分析、网站用户行为路径分析、业务流程优化等，用于揭示流程中用户从一个阶段向下一个阶段流失的情况
鱼骨图	也称因果图或石川图，以主因枝干为中心展开分支，表示问题及其潜在原因	涉及质量管理和问题解决，帮助识别造成某一结果的各种直接原因和间接原因
思维导图	发散性思维工具，以中央主题为核心向外延伸关键词，形成非线性的信息网络	涉及思维整理、创意发散、项目规划、学习笔记等领域，帮助厘清思路、记忆和创新思考
逻辑图	通过框图形式展示逻辑关系，包含起始、过程和结束节点，以及条件判断和循环等概念	涉及逻辑分析、程序设计、决策流程分析等，清晰描绘事件顺序和逻辑推理路径

类型	介绍	适用场景
树形图	分层结构图，呈现从父节点到子节点的层级关系，反映事物的分类或隶属关系	展示家族谱系、文件目录结构、企业组织架构、分类体系等具有层次特征的信息
组织架构图	描述组织内部部门、职位及上下级关系的图表，常以矩形框和连线构成	涉及企业组织结构、团队成员职责等，直观展示人员及部门间的汇报关系
时间轴	纵向表示时间序列，横向列出重要事件，用线条或区块标识事件发生时段	涉及历史事件梳理、项目进度安排、人生大事记等，直观呈现事件发生的先后顺序和持续时间

过去制作图表往往需要耗费许多精力，但 AIGC 工具能帮助用户节省绘制图表的时间。在这种情况下，最重要的一步便是明确自己需要的图表类型并撰写好提示词。

在组织提示词时，务必充分考虑各类图表的术语名称与适用场景，结合自身需求选择合适的图表，为撰写提示词做准备。图表类型直接关系到信息传达的准确性和效率。

匹配需求与图表类型既要考虑数据的性质，也要考虑图表的视觉效果。选择图表类型时，首先要明确自己的需求，如是展示数据的变化趋势，还是比较不同类别间的数量关系。若需展现数据的动态变化过程，折线图或面积图将是理想选择；若要比较不同部分的占比情况，饼图则更为直观。同时还需考虑图表的适用场景。在工作报告中展示业绩变化，折线图能清晰反映增长或减少的趋势；而在分析市场份额时，饼图能直观展示各地区的占比情况。

下面的一组案例展示了不同场景下适用的图表。

案例 1：某城市近 5 年各月空气质量指数变化

适用图表：折线图

解释：此场景下，需要关注的是空气质量指数随时间推移的变化趋势及可能存在的季节性规律。折线图可以清晰地展示出每个月空气质量指数的变化情况。通过观察线条的上升、下降、波动，用户可以直观地看出整个时间序列中空气质量指数的变化趋势和周期性特征。

案例 2：某电商平台 2023 年度各类商品销售数量占比

适用图表：饼图

解释：此场景表达的是各类商品在总销量中的相对比例，而不是具体的数值大小。饼图可以有效地将各类商品的销售份额可视化，每个部分的大小代表相应商品的销售占比，让用户一眼就能看出哪些品类是最畅销的，哪些品类的市场份额较小。

案例 3：某地区 2019—2023 年居民消费支出在食品、住房、交通、教育、医疗 5 个领域的分布情况

适用图表：柱状图或面积图

解释：这类场景需要同时展示各个领域消费支出的绝对值及它们在总消费支出

中的占比。柱状图可以让用户看到每个领域的消费支出在 2019—2023 年的具体变化，并且通过颜色区分和层叠的效果，可以直观反映出各个领域的消费支出是如何构成整体消费结构的。面积图则提供了类似的信息，但通过填充区域的方式，还可以直观地让用户感知到不同时期各领域的消费支出累积效应。

4.3.3 设计提示词

根据需求明确提示词要点是最为关键的，也是最需要深入思考的一步。完成这一步后便可以开始设计提示词，并最终发送给 AIGC 工具生成内容。下面根据图表类 AIGC 工具的具体功能，从两个场景介绍如何设计提示词。

1. 生成图表

生成图表内容时，可按照公式设计提示词，公式内容如图 4-5 所示。

图 4-5 生成图表的提示词公式

（1）内容主题

内容主题即图表将展示给用户的主要信息。下面的案例展示了一些图表的主题。

主题一

人工智能的发展

主题二

北京近 5 年各月空气质量指数变化

主题三

张艺谋的电影

上面的主题便是核心的提示词要点，也是 AIGC 工具生成内容的主要依据。

（2）图表类型

不同的图表类型适用于不同的场合，也会呈现出不同的视觉效果。根据内容主题的不同，选择相应的图表类型，有助于更好地组织提示词，示例如下。

提示词一

生成人工智能发展过程的时间轴。

提示词二

生成北京近 5 年各月空气质量指数变化的折线图。

提示词三

生成张艺谋作为导演的电影的树形图。

文心一言生成的人工智能发展过程的时间轴（部分）如图 4-6 所示。

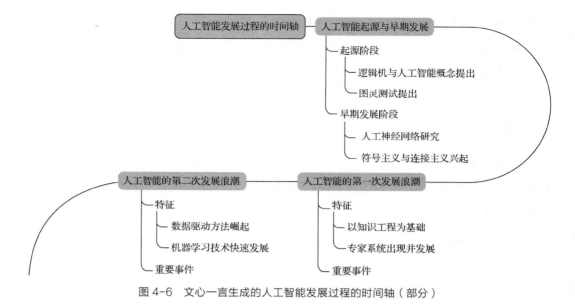

图 4-6　文心一言生成的人工智能发展过程的时间轴（部分）

2. 编辑图表

编辑图表指在原有的图表基础上，利用 AIGC 工具进行高效编辑。图表类 AIGC 工具一般会在表格页面提供提示词输入框。在实际应用时，提示词较为简单，往往需要用一句话准确表明编辑对象与编辑目的，图 4-7 所示为编辑图表的提示词公式。

图 4-7　编辑图表的提示词公式

（1）编辑对象

一张复杂的表格往往有许多数据项目。指定编辑对象是告诉 AIGC 工具想要修改或操作的具体内容。这通常涉及对表格中的某一列、某一行、特定单元格或整个图表的选择和定位。在输入提示词时，用户需要清晰地指明这一点。

（2）编辑目的

在指定了编辑对象之后，用户需要明确告诉 AIGC 工具他们想要达到的编辑目的，可以是对数据的计算、对图表样式的调整，以及对单元格的增减等。

下面的案例展示了一系列编辑表格内容的提示词。

提示词 1

通过公式依次计算学习成绩列的最高分、最低分、第二高分、第二低分、平均值。

提示词 2

为销售数量大于 500 的单元格标注黄色背景。

提示词 3

合并日期相同的单元格。

提示词 4

将奇数标签页标注为红色。

提示词 5

统计日期为 2023 年秋季、订货渠道为平台 8 且销售数量大于 300 的订单的数量。

可以看到，这些提示词都指定了编辑的对象，如"学习成绩列""销售数量大于500""日期"等；同时也表明了编辑的目的，如"计算最高分""标注黄色背景""合并"等。WPS AI 等 AIGC 工具会将编辑处理的数据直接反馈在表格内，如图 4-8 所示。

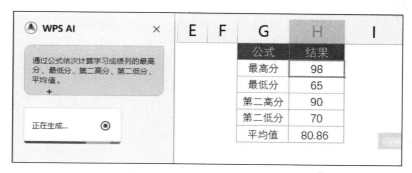

图 4-8　WPS AI 编辑表格结果

4.4　应用案例分析：大学成绩分析

利用 AIGC 工具可以轻松整理成绩数据，生成各类图表，深入分析各科目成绩趋势与差异。这不仅有助于大学生更好地认识自己的学习状况，还能为其未来的学习规划提供有力支持。下面将探讨如何利用图表类 AIGC 工具完成这一分析。

1. 确定使用工具

对大学 4 年的成绩进行分析时，选择合适的工具是首要步骤。为了分析并生成大学成绩的可视化内容，可以采用文心一言来生成表格，并以 WPS AI 作为数据处理和分析的工具。

文心一言则能以其出色的自然语言处理能力，准确理解需求并生成符合要求的图表；而 WPS AI 以其强大的数据处理能力和智能分析功能，能够轻松应对复杂的成绩数据整理和分析任务。

2. 生成成绩图表

为了获得一份直观的成绩表，可以将大学 4 年的成绩直接发送给文心一言，使其生成完整表格，其提示词示例如下。

请将下列大学 4 年各科成绩整理为简洁直观的表格。（成绩内容略）

AIGC 工具生成内容如表 4-6 所示。

表 4-6　AIGC 工具生成大学成绩表格

年级	课程名称	成绩/分
大一	计算机导论	85
	数学分析	78
	英语	82
	离散数学	80
	程序设计基础	90
大二	数据结构与算法	88
	操作系统原理	84
	计算机网络	82
	线性代数	76
	数据库系统	86
大三	软件工程	89
	计算机组成原理	83
	编译原理	85
	人工智能导论	87
	面向对象程序设计	92
大四	分布式系统	86
	计算机网络安全	89
	算法设计与分析	91
	数据库优化	84

3. 处理表格数据

下一步，我们将利用 WPS AI 的智能处理功能对这份表格数据进行深入分析。首先将上述表格数据整理并导入到 WPS 表格中。确保数据准确、完整后就可以开始利用 WPS AI 来处理数据了。以下是部分数据处理提示词。

（1）数据公式计算

提示词：计算每学年成绩的平均分。

根据成绩标记等级。如果成绩大于等于 90，则标记为 1；如果成绩小于 90、大于等于 85，则标记为 2；如果成绩小于 85、大于等于 80，则标记为 3；如果成绩小于 80，则标记为 4。

WPS AI 将根据这些提示词自动编辑表格中的成绩数据，自动生成公式，计算出每门课程及每学年的平均分等数据，帮助用户快速了解学生在各个学习阶段及不同课程中的整体表现，如图 4-9 所示。

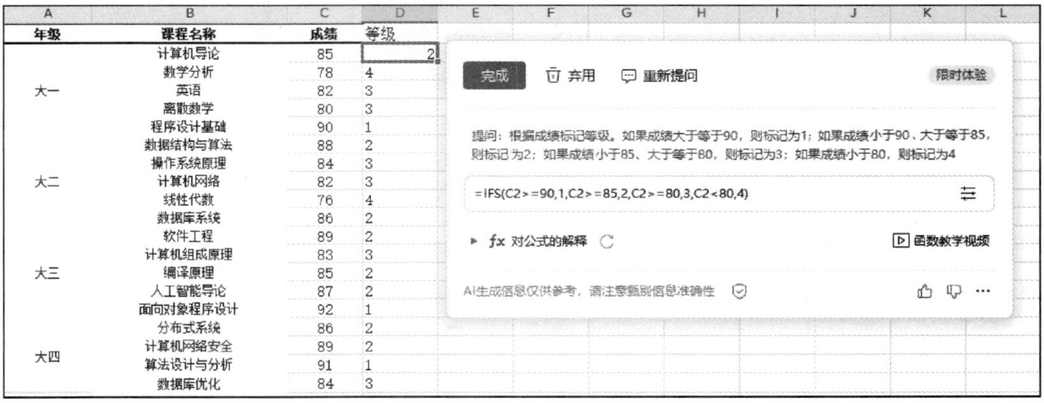

图 4-9　AIGC 工具生成数据公式

（2）突出重点内容

提示词：将每门课程成绩高于 80 的单元格标红。

WPS AI 能对表格中的成绩数据进行筛选和统计。这将有助于识别学生的优势科目，以及需要进一步提升的科目。通过 AIGC 工具快速美化表格，可以使成绩数据更加清晰直观。AIGC 工具处理单元格效果（部分）如图 4-10 所示。

图 4-10　AIGC 工具处理单元格效果（部分）

4. 生成可视图表

提示词：生成每学年平均成绩的条形图。

分析学生成绩在不同分数区间的分布数据，如 61～70 分、71～80 分、81～90 分、90 分以上等，并用图表展示。

利用 WPS AI 的洞悉分析功能，可很快生成类型多样的可视化图表，还可通过提示词对表格进行分析。AIGC 工具分析成绩并生成的图表如图 4-11 所示。

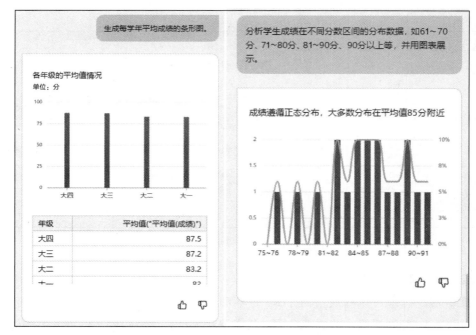

图 4-11　AIGC 工具生成的成绩图表

实训板块

实训项目：个人健康生活数据可视化。

收集一组你个人生活中的健康领域数据（如每日运动时长、每日睡眠时长、每日微信运动步数等），并将其转化为图表。尝试用尽可能多的图表形式呈现你的数据，并在 AIGC 工具的帮助下评估自己的健康生活状况。

PART 05

第 5 章
演示文稿类 AIGC 工具实操技巧

学习目标

➢ 掌握演示文稿类 AIGC 工具的操作。

➢ 熟练使用 AIGC 工具生成演示文稿。

素养目标

➢ 强调内容质量，服务社会。

➢ 利用 AIGC 工具创新演示文稿内容，紧跟时代发展的步伐。

　　演示文稿作为现代信息交流的载体，承载着知识传播、观点阐述、决策呈现等多元使命。以往那些精心构思布局、费时搜寻素材、反复调整细节的烦琐过程，如今在强大的 AI 引擎驱动下得以简化。只需用户清晰表述意图、精准设定风格，借助寥寥关键词，AIGC 工具便能迅速理解，瞬间生成契合主题、富于创意且符合专业水准的演示文稿。无论是逻辑严谨的数据报告，还是视觉震撼的故事讲述，或是风格独特的品牌宣讲，演示文稿类 AIGC 工具都能以惊人的速度和精度予以实现。

5.1 演示文稿类 AIGC 工具介绍

演示文稿是一种用于展示信息的动态文件，通常包含文字、图表、动画等元素，以幻灯片形式呈现，用于教育、商业或个人展示。演示文稿类 AIGC 工具以先进的算法为核心，集成多种功能，旨在简化制作流程，提升创作效率，助力用户快速打造出专业、精美的作品。下面将介绍几款演示文稿类 AIGC 工具。

5.1.1 AiPPT

AiPPT 是一款典型的演示文稿类 AIGC 工具。用户只需输入主题关键词或概述演讲内容，AI 算法便能通过对海量信息的分析，在短时间内自动生成一份完整且结构严谨的 PPT。这份 PPT 不仅涵盖相关的文字叙述、数据图表，还包含恰当的视觉元素与设计布局，并确保内容与形式的和谐统一。为了满足用户多样化的输入需求，AiPPT 支持多种文档格式的上传，无论是 Word 文档、Excel 数据表还是 PDF 报告，都可以作为 AIGC 工具生成 PPT 的原始素材。

另外，AiPPT 还内建了一个庞大的模板库，拥有超过 10 万套定制级 PPT 模板及丰富的素材资源。这些模板覆盖了各行各业及各类应用场景，用户可根据自身需求快速选取并一键应用，可极大地节省设计时间。AiPPT 同样会赋予用户自由灵活的编辑需求，包括调整页面布局、替换形状元素、精细调整字体颜色等设计细节，确保最终输出的 PPT 既保留 AIGC 工具生成的优势，又能融入个人独特的创意与品牌风格。其图标如图 5-1 所示。

图 5-1　AiPPT 的图标

5.1.2 Tome

Tome 同样是一款演示文稿类工具，其核心亮点在于简洁直观的操作方式。用户只需输入一段话，概括 PPT 的主题、核心观点或描述 PPT 页面内容，Tome 便能迅速理解，自动生成连贯、逻辑清晰的 PPT，这包括但不限于精练的文字叙述、可视化图表，以及与主题紧密贴合的图片素材。其图标如图 5-2 所示。

图 5-2　Tome 的图标

5.1.3　其他演示文稿类 AIGC 工具

演示文稿类 AIGC 工具不断涌现，各有特点与优劣。表 5-1 所示为除 AiPPT 和 Tome 之外的其他常见演示文稿类 AIGC 工具。

表 5-1　其他常见演示文稿类 AIGC 工具

工具名称	功能简介
WPS AI	集成于 WPS Office 中的 AI 助手，提供生成与编辑 PPT 的功能
iSlide	PPT 插件，提供海量模板、图标、设计工具，可一键优化布局与统一风格，提升制作效率
Presentations.ai	根据输入生成完整的 PPT，可以自定义设计，确保品牌一致性，并轻松共享和协作 PPT
闪击 PPT	通过目录大纲快速生成 PPT，支持程序自动排版。目前只提供简约风格，但有几百套模板可供选择

5.2　演示文稿类 AIGC 工具的应用场景

曾经制作一份完整的 PPT 通常需要保证足够的页数，每一页通常需要有标题、正文、图像等内容，因此制作 PPT 往往会耗费几小时到几天不等，而演示文稿类 AIGC 工具的出现让快速生成与处理 PPT 成为可能。

5.2.1　生成 PPT

AIGC 的核心价值在于其能够从零开始自主生成内容，这一特点在 PPT 领域显得尤为突出。传统的 PPT 制作往往需要耗费大量时间和精力，而演示文稿类 AIGC 工具则能够根据用户提供的信息和提示词命令，在极短的时间内自动生成一份完整且高质量的 PPT。这不仅大大提高了工作效率，还为用户提供了更多的创意和灵感，无疑为商务人士和教育工作者等广大用户带来了极大的便利。表 5-2 所示为演示文稿类 AIGC 工具生成 PPT 的几种主要方式。

表 5-2　演示文稿类 AIGC 工具生成 PPT 的主要方式

方式	简介
已有大纲生成	用户提供完整的 PPT 大纲，演示文稿类 AIGC 工具根据大纲内容填充具体的 PPT 内容并进行设计
无大纲生成	用户不提供任何具体大纲，仅提供关键词或主题，演示文稿类 AIGC 工具自由发挥生成 PPT，注重内容的连贯性和创新性
根据文档文章生成	用户上传文档或输入文章，演示文稿类 AIGC 工具分析内容并提取关键信息，自动生成对应的 PPT，保留原文的逻辑结构和要点
根据思维导图生成	用户提供思维导图，演示文稿类 AIGC 工具根据思维导图的层级结构和内容自动生成对应的 PPT，便于直观展示思维逻辑

不同的演示文稿类 AIGC 工具可能支持的生成方式有所不同，用户需要根据自己的

需求和工具的功能选择合适的方式生成 PPT。图 5-3 所示为 AiPPT 的生成界面，可以看到其支持 AI 智能生成和导入本地大纲两种生成方式。

图 5-3　AiPPT 的生成界面

5.2.2　编辑 PPT

演示文稿类 AIGC 工具在 PPT 编辑方面，不仅限于从零开始生成内容，更展现出强大的智能编辑功能。通过这一工具，用户可以轻松地对已有 PPT 进行智能化修改和优化，包括调整布局、优化配色、改进文字表述等。利用演示文稿类 AIGC 工具编辑 PPT 的主要方式如表 5-3 所示。

表 5-3　利用演示文稿类 AIGC 工具编辑 PPT 的主要方式

类型	描述
快速更换主题	轻松更换整份 PPT 的主题风格，无须逐页调整，实现整体视觉效果的快速统一
排版与编辑	根据提示词自动调整 PPT 布局，同时提供便捷的编辑工具，使用户能够轻松调整 PPT 细节，如字体、颜色等
扩写与简化内容	智能分析 PPT 中的文字内容，根据提示词进行扩写或简化信息，帮助用户更精准地传达意图
生成演示备注	基于 PPT 内容生成详细的演示备注，为演讲者提供有力支持

图 5-4 所示为 WPS AI 中的 PPT 编辑界面。

图 5-4　WPS AI 中的 PPT 编辑界面

5.3 演示文稿类 AI 实操技巧

PPT 主要用于公众演示与宣讲，一份具有演示价值的 PPT 通常包含多个构成要素，这些要素共同协作，可以确保信息的有效传递，最终实现吸引观众注意力的目的。掌握这些要素，便能借助演示文稿类 AIGC 工具高效生成 PPT。

5.3.1 设计 PPT 主题提示词

主题是整份 PPT 的灵魂，它贯穿始终，是观众理解和记忆演示内容的关键所在。因此，确定主题是生成内容的第一步。

确定一个清晰、准确且吸引人的主题，是让 PPT 有演示价值的重要前提。一般来讲，确定 PPT 的主题需要综合考虑演示的目的、内容、观众需求及行业发展趋势等因素。这个主题往往也会成为 PPT 的标题，起到为后续的 PPT 制作奠定基础的作用。

借助 AIGC 工具生成 PPT，首先要确定 PPT 主题提示词，通常需要考量目的、行业、岗位等信息。PPT 主题提示词的构成公式如图 5-5 所示。

图 5-5 PPT 主题提示词的构成公式

1．目的

目的是指制作 PPT 的初衷和预期效果。不同的目的需要不同的主题提示词来体现。例如，如果目的是推广新产品，那么主题提示词可能包括"创新""市场领先"等词汇，以突出产品的独特性和竞争优势；如果目的是汇报工作进展，那么主题提示词则可能更侧重于"成果""进展"等词汇，以展示工作的实际成果和进展。

2．行业

不同行业有不同的特点和术语，这些都需要在主题提示词中体现出来。如在医疗行业，主题提示词可能涉及"健康""医疗技术"等词汇；而在金融行业，则可能更多地使用"投资""风险"等词汇。通过融入行业相关的术语和概念，可以使生成的 PPT 更具专业性和针对性。

3．岗位

不同岗位的工作内容和职责不同，这也会影响到主题提示词的设定。销售岗位的 PPT 可能更强调产品的优势和客户需求，而技术岗位的 PPT 则可能更注重技术原理和创新点。在设定主题提示词时需要根据岗位特点来选择合适的词汇和表达方式。

图 5-6 所示为几种常见的 PPT 主题，可以看到其中一些主题提示词都包括了某种目的、行业或岗位信息。

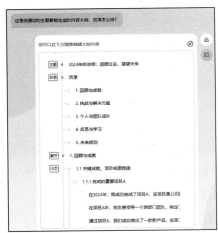

图 5-6　常见的 PPT 主题

5.3.2　编辑大纲内容

PPT 的大纲内容指需要传达给观众的主要信息，起到提纲挈领的作用。目前的 AIGC 工具能够根据主题快速生成与编辑 PPT 的大纲，但要想使内容更优质、有逻辑，还需要对大纲内容反复打磨，这也就要求用户熟悉 PPT 大纲的构成要素，如表 5-4 所示。

表 5-4　PPT 大纲的构成要素

页面类型	描述	功能与目的
目录	提供 PPT 内容的概览，列出各个章节或主要话题及其对应的幻灯片编号	帮助观众了解整个演示的大纲结构
章节	在 PPT 中用于衔接不同主题或章节的内容，可能包含简洁的标题和引言	给观众缓冲时间，同时也提示即将进入新的话题或阶段
正文	主要包含文字、图表、视频等主要信息内容	说明观点，激发情感共鸣
结论/总结	概括演示的主要发现、结论或行动建议，重申关键要点	强调演示的重点，引导观众回顾并记住主要内容
致谢	对参与、协助或听取演示的人表示感谢，可能包含署名和联系方式	表达尊重和感激，为演示正式收尾

AIGC 工具生成的大纲如图 5-7 所示，用户可以自行编辑。

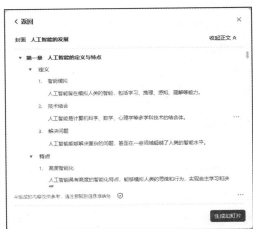

图 5-7　AIGC 工具生成的大纲

5.3.3 确定主题风格

主题风格关乎 PPT 的整体视觉效果。它应体现专业性与一致性，强化品牌形象或演讲氛围，吸引并保持观众的注意力。目前的演示文稿类 AIGC 工具往往会提供大量主题风格模板供用户选择。正因如此，了解不同 PPT 的主题风格与适用领域非常必要。

表 5-5 所示为常见的 PPT 主题风格。

表 5-5　常见的 PPT 主题风格

主题风格	描述	适用领域
商业风	以商务、正式、专业为主要特点，通常使用稳重的配色和字体	适用于企业报告、市场分析等商业场合
校园风	清新、活泼、富有朝气，常采用明亮的色彩和卡通图案	适用于校园活动等场合
科技风	强调现代感和科技感，使用冷色调和简洁的线条	适合科技产品展示、技术研讨等场合
扁平插画风	以扁平化设计为主，结合插画元素，色彩鲜艳且富有创意	适用于创意展示、广告推广等场合
中国风	融合中国传统文化元素，如书法、国画、剪纸等，展现东方韵味	适用于文化传承、旅游推广等场合
手绘风	采用手绘风格，注重细节和个性，使 PPT 更具艺术感和情感色彩	适用于创意设计、故事讲述等场合
杂志风	借鉴杂志排版和设计风格，注重版面的层次感和视觉效果	适合时尚、设计等领域的展示场合

明确 PPT 的目的和内容，将不同的主题风格与不同的场合和目的相匹配。完成匹配后，AIGC 工具能快速套用模板。以 AiPPT 为例，其提供的主题风格模板如图 5-8 所示。

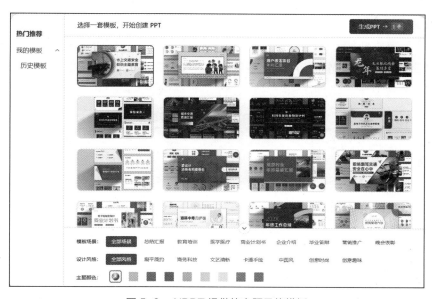

图 5-8　AiPPT 提供的主题风格模板

要想使 AiPPT 按照自己的想法生成一份完整且美观的 PPT，务必综合主题、大纲、风格这 3 个要素进行考量，将要素确认完毕后，就可点击"生成 PPT"按钮，获得 PPT 内容，效果如图 5-9 所示。

图 5-9 利用 AiPPT 工具生成的 PPT

5.3.4 打磨排版与内容

经过前文的介绍，我们已经对 AIGC 工具在生成 PPT 方面的强大功能有了初步了解。AIGC 工具生成的 PPT 通常不会十全十美，这就要求用户再进行编辑与打磨。

通过简单的提示词描述，AIGC 工具可实现 PPT 的编辑与美化，包括调整布局、优化色彩、修改文字、增加演示批注等。表 5-6 所示为 PPT 的主要排版要素。

表 5-6 PPT 的主要排版要素

主要排版要素	描述	作用
文字排版	包括并列排版、层级排版、总分总排版等	确保信息层次清晰，便于阅读和理解
字体	包括字体种类、字号大小、字重和样式	增强视觉美感，强化信息的重要性和可读性
页面配色	包括主色调、高亮色、背景色等	创造视觉冲击力，引导观众视线，营造氛围
对齐方式	包括左对齐、右对齐、居中对齐、两端对齐、分散对齐	保证页面整洁有序，提升视觉舒适度
图形布局	包括图文混排，图像与文字相结合，提高信息传达效率；多图排版，利用网格、表格等方式统一多张图片的布局	有效传达复杂信息，平衡页面视觉比重

以 WPS AI 为例，使用编辑美化功能时首先需定位至 PPT 单页，再打开操作框进行单页操作。

设计提示词以指导 AIGC 工具高效编辑与美化 PPT 时，需要以清晰、具体的表述确保 AIGC 工具准确理解并执行用户的功能需求。这时的提示词往往非常简洁，示例如下。

将字体修改为简约风。

将单页风格改为科技风。

将这一页的文字扩写为 30 字。

WPS AI 更换字体的效果如图 5-10 所示。

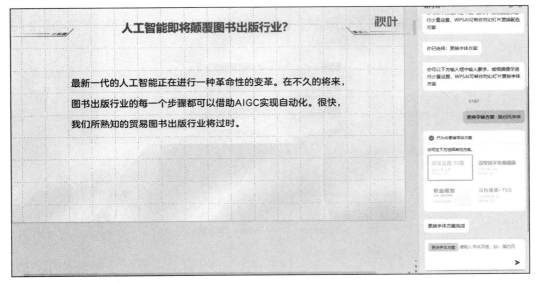

图 5-10　WPS AI 更换字体的效果

5.4　应用案例分析：科技公司商业路演

商业路演是初创科技公司向潜在投资者展示其商业模式、市场潜力及发展前景的关键环节。一份精美的商业路演 PPT 能展现公司的专业与实力，更能吸引投资者的目光。如今借助 AIGC 工具，可以更有效率地生成并编辑 PPT，确保内容的专业性、设计的精美度及呈现的流畅性，让商业路演更加出彩。

1. 分析场景，确定主题

一家初创科技公司的市场部经理准备向潜在投资者进行路演，其目标是展示公司的核心优势、市场机会、商业模式及未来发展潜力，以吸引投资者的兴趣和资金支持。

下面根据此案例场景，综合"目的、行业、岗位"这三大主题要素，确定 PPT 的核心主题。

从目的来看，市场部经理进行路演的核心目的是吸引潜在投资者的兴趣和资金支持。因此，PPT 的主题应聚焦于展示公司的投资价值和发展前景，突出公司的核心优势、市场机会、商业模式及未来发展潜力。

考虑到行业因素，作为一家初创科技公司，其 PPT 的主题应体现科技感和创新性，可以围绕公司的技术创新、产品研发、市场应用等方面展开，展现公司在行业内的领先地位和竞争优势。

最后从岗位角度出发，市场部经理作为路演的主要负责人，其职责是全面展示公司的市场潜力和商业模式。因此，PPT 的主题还应突出市场营销方式、商业模式及市场战略等要素，以便更好地吸引投资者的关注。

综合以上分析，可以确定 PPT 的主题为"科技引领未来：2024 年××科技公司商业路演"。这一主题既体现了公司的科技属性和创新精神，又突出了路演的核心职责和目标。

AiPPT 根据这一主题生成的商业路演大纲如图 5-11。

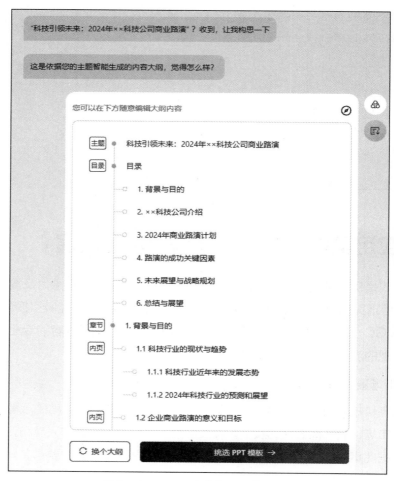

图 5-11　AiPPT 生成的商业路演大纲

2. 打磨大纲

在这一步需要仔细审查 AIGC 工具生成的 PPT 大纲。通过审阅，可以发现此大纲虽然框架较为完整，但在某些细节上还需要进一步优化。例如，这份大纲中出现的"企业商业路演的意义和目标""商业路演的定义和作用"这种笼统的、对具体的商业路演来说没有意义的内容，需要删除与修改，如图 5-12 所示。

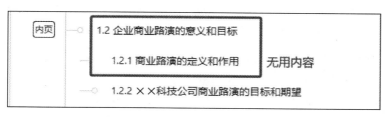

图 5-12　删除与修改大纲内容

3. 挑选风格，生成 PPT

在打磨并确定好大纲内容后，便可以利用 AIGC 工具初步生成完整的 PPT。在这一步同样需要分析 PPT 的主题与目的，选择与主题相匹配的模板和配色方案。

（1）考虑公司的行业属性和特点。作为一家初创科技公司，其 PPT 风格应体现科技感、创新性和现代感，因此可以选择具有科技元素的模板，如使用简洁明了的线条、几何图形或科技蓝、银灰等色彩，以突出公司的行业特色。

（2）结合路演的目的和受众。市场部经理进行路演的目的是吸引潜在投资者的兴趣和资金支持，因此 PPT 风格应具有一定的专业性和说服力。这就可以选择商务风格的模板，确保整体视觉效果专业、大气，以赢得潜在投资者的信任。

根据分析，可以为"科技引领未来：2024 年××科技公司商业路演"选择兼顾科技与商务的风格，如图 5-13 所示。

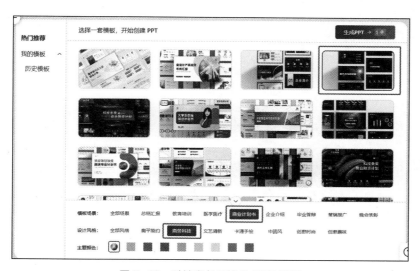

图 5-13　科技商务风格的 PPT 模板

4. 查漏补缺，打磨细节

至此一份基本的商业路演的 PPT 已经完成。为了追求更高的质量，还可借助 WPS AI 等 AIGC 工具进一步打磨细节内容。

首先，可以将初步生成的 PPT 导入到 WPS AI 中。WPS AI 具备强大的文本处理和内容生成能力，可以辅助优化 PPT 中的文字内容。我们可以逐页检查 PPT 中的文字描述，利用 WPS AI 的自动缩写、扩写或转换文本风格的功能，使文字更加精练、准确且富有吸引力。

其次，通过分析 PPT 的页面元素和排版方式，WPS AI 可以给出改进建议，如调整字体大小、颜色搭配等，使 PPT 的视觉效果更加出色。

最后，还可以利用 WPS AI 生成演示备注的功能为每一页 PPT 生成文字备注，辅助后续的演讲。WPS AI 生成演示备注的界面如图 5-14 所示。

图 5-14　WPS AI 生成演示备注的介面

实训板块

实训项目：快速制作课堂展示演示文稿。

将本章所学知识内容制作成一份包含至少 5 页内容的 PPT，并根据需要利用 AIGC 工具进行编辑和美化，保证在制作过程中不使用人工编辑。制作完成后，可在课堂上进行展示与比拼。

PART 06

第 6 章
图像类 AIGC 工具实操技巧

学习目标

➢ 掌握图像类 AIGC 工具的操作。

➢ 了解 AIGC 工具在图像领域的主要应用。

➢ 利用 AIGC 工具生成美观的图片。

素养目标

➢ 提升美学素养，具备良好的审美能力。

➢ 坚持正确价值观导向，不生成非法图像内容。

　　图像在社会生活中无处不在，一切画作、照片、视觉传达设计等静态视觉内容都可被称为图像。视觉叙事的力量在信息时代被赋予了新的生命力，而图像作为最直接、最具感染力的信息载体，其创作与优化过程在 AIGC 技术的推动下发生巨大的改变。在图像领域，AIGC 工具不仅能够生成全新的图像，还能对现有图像进行编辑、修复和增强，其创作图像的速度和创作风格的多样是原本的人力所不及的。

　　本章将探索图像类 AIGC 工具的操作方法与应用场景，无论是专业设计师，还是普通用户，都可通过这些工具实现创作效率的提升。

6.1 图像类 AIGC 工具介绍

　　图像类 AIGC 工具拥有强大的图像处理能力，能够借助深度学习技术，模拟出各种复杂的图像风格与细节，生成类型多样的图像内容，大大提升创作效率与灵活性。目前，可生成图像的工具极为丰富，熟悉其中的最主要工具将为后续的实操打下基础。

6.1.1 Midjourney

　　Midjourney 是由 AIGC 工具驱动的艺术创意生成工具，于 2022 年 3 月 14 日正式以架设在 Discord[1] 上的服务器形式推出。用户注册 Discord 并加入 Midjourney 的服务器，选择付费订阅计划后即可开始图像创作。

　　Midjourney 以其独特的功能和高效的性能受到了广泛关注，用户只需输入提示词，便能通过 AI 技术迅速生成对应的图片，整个过程仅需约 1 分钟。对比其他图像类 AIGC 工具，Midjourney 生成的图像内容在质量上称得上首屈一指。除了基本的图像生成功能，Midjourney 还提供了丰富的编辑和定制选项，使用户能够对自己的作品进行进一步的优化和转变。这种高度的灵活性和可定制性使得 Midjourney 成为一款深受艺术家和设计师喜爱的创作工具。Midjourney 的图标如图 6-1 所示。

图 6-1　Midjourney 的图标

6.1.2 通义万相

　　通义万相是由阿里云开发的一款先进的人工智能绘画创作工具，作为"通义大模型家族"的新成员，致力于通过尖端的 AI 技术实现文本到图像（文生图）、图像到图像（图生图）等多种形式的自动化视觉内容生成，提升创意表达的效率与个性化程度。

　　通义万相不仅能够处理中文和英文指令，还能依据用户对颜色、构图、时代背景等复杂的要求，生成风格各异、细节丰富的绘画作品，涵盖了从写实到抽象、古典到现代的各种艺术流派。通义万相还具备基于已有图像进行衍生创作的能力。用户上传一幅参考图片，系统能据此进行风格迁移、内容扩展、细节调整等操作。除了"文生图"和"图生图"，对于不具备专业绘图技能的用户，通义万相提供了涂鸦功能，允许用户通过简

---

　　1 Discord：一种通信社群平台。

单的线条勾勒出大致轮廓或元素，随后通义万相会据此完善细节、填充色彩，将草图转化为完整的艺术作品。此外，通义万相还支持虚拟模特生成，用户可以基于此创建虚拟人物形象，将其用于个人写真、时尚设计、游戏角色等多元应用场景。通义万相的图标如图 6-2 所示。

图 6-2　通义万相的图标

6.1.3　其他图像类 AIGC 工具

作为 AIGC 领域中极为重要的一个板块，图像生成技术已较为成熟，也出现了许多各具特色的工具。表 6-1 所示为目前部分较为成熟的图像类 AIGC 工具及其功能简介。

表 6-1　目前部分较为成熟的图像类 AIGC 工具及其功能简介

工具名称	功能简介
文心一格	AI 艺术和创意辅助平台，依托文心大模型，能够根据用户输入的文字生成多种风格的高清画作，包括国风、油画、水彩、水粉、动漫、写实等 10 余种风格
米啫喱	能够快速生成各种图画，提供多种样式和艺术性选择。用户可以上传参考图作为创作参考，还可以根据个人喜好深入调整细节，并可在特殊的探索模式下浏览其他用户生成的内容
Liblib AI	基于 Stable Diffusion 的 AI 绘画模型资源平台，提供丰富的模型资源和图片灵感，支持多种主题和风格，如建筑设计、插画设计、摄影、游戏等
无界 AI	功能强大且易于上手的综合性 AI 绘画工具。它集成了 prompt 搜索、AI 图库、AI 创作、AI 广场以及词/图等多种功能，为用户提供了一站式的 AI 搜索、创作、交流、分享服务
美图秀秀	一款集 AI 修图与设计于一体的大众化图像处理软件，凭借智能化功能简化图像美化、设计过程，使用户无须专业技能即可轻松编辑图片、拼图、制作证件照、设计 LOGO 及海报等，实现创意表达与视觉内容创作
Stable Diffusion	强大的开源 AI 绘画工具，为许多其他 AIGC 工具提供技术支持
DALL·E3	由 ChatGPT 开发者 OpenAI 开发的文本到图像生成系统，引入了与 ChatGPT 的集成系统，使得用户可以通过简单的对话来创建独特的图像；还引入了提示重写的新功能，使用 GPT-4 优化所有提示，以提高生成图像的质量

一般来讲，这些图像生成工具都会提供软件或网站平台的使用手册或官方教程，并提供限制次数的免费体验机会。用户可以尝试自由地生成 1~2 张图像，通过实际操作感受这些工具的具体功能和效果，也可通过浏览观赏其他用户生成的图像与其对应的提示词来初步了解这些图像类 AIGC 工具。图 6-3 所示为文心一格的展示界面，可以看到该平台展示了用户生成的丰富图片内容。

图 6-3　文心一格的展示界面

6.2　图像类 AIGC 工具的应用场景

　　由于功能强大，图像类 AIGC 工具已广泛渗透到各类与图像相关的应用场景中，极大地提升了视觉内容创作的效率。这些工具的使用场景主要分为两大类：一类专注于从零开始生成全新的图像，另一类则致力于对现有图像进行智能化编辑与美化。本节将详述这两种场景的具体应用情况。

6.2.1　图像生成

　　图像类 AIGC 工具的图像生成功能是其核心特色之一。这些工具利用深度学习和人工智能算法，能够基于用户输入的提示词或其他信息自动生成符合要求的图像。无论是风景、人物、建筑还是抽象概念，图像类 AIGC 工具都能凭借其强大的生成能力快速创作出独具特色的图像。

1.　生成方式

　　目前主流的图像类 AIGC 工具是通过提示词生成图像与通过图像生成图像，一般将这两种方式简称为"文生图"与"图生图"。

（1）文生图

文生图是指通过输入一段文字描述，由 AI 模型自动生成对应视觉图像的过程。这种生成方式的核心在于将自然语言理解与计算机视觉技术相结合，构建能够从文本语义中解码出视觉特征的复杂模型。

此生成方式是目前最常用的方式，也是一种非常依赖提示词的方式。只有精心打磨提示词，才能让图像类 AIGC 工具理解并生成符合要求的图像。图 6-4 所示为使用通义万相通过提示词生成图像的示例。

图 6-4　文生图示例

（2）图生图

图生图则是指以已有图像作为输入，通过 AI 算法对其进行编辑、转换或增强，从而生成新的图像。这一生成方式聚焦于在保持原始图像核心内容的同时，实现特定的编辑目标或风格变化。

使用这一生成方式，需要用户自行准备图像并上传至图像类 AIGC 工具。图 6-5 所示为根据已有图像生成图像的示例。

图 6-5　图生图示例

2. 内容应用场景

图像类 AIGC 工具可生成多种类型的图像，能够被应用于几乎所有需要图像的领域。图像类 AIGC 工具在图像生成方面的应用场景如表 6-2 所示。

表 6-2　图像类 AIGC 工具在图像生成方面的应用场景

场景分类	介绍	案例
艺术创作	利用 AIGC 工具生成艺术品，为艺术家提供灵感，辅助艺术家创作或独立生成作品	绘制一幅印象派风格的风景画，展现夕阳下的麦田与风车，可供展览或出售
广告与营销	生成吸引眼球的视觉素材，用于产品推广、社交媒体广告、海报设计等，提升品牌传播效果	生成一款新手机的产品渲染图，展示其多种配色、角度和使用场景，用于电商平台宣传
新闻与传媒	快速生成新闻配图、信息可视化内容，增强报道的视觉冲击力和信息传达效果	根据天气预报数据生成未来一周的全国气温分布地图，供新闻网站发布
教育与培训	生成教学示意图、卡通形象、交互式学习资源，提升教学内容的吸引力与并降低其理解难度	制作一系列动物解剖结构图，标注关键部位名称，用于生物课程教材
游戏与娱乐	生成游戏内角色、场景、道具等美术资源，或者用于动态背景、特效设计，提升游戏体验	设计一套科幻主题的角色套装及武器模型，供玩家在大型多人在线游戏中选择使用
建筑与室内设计	快速绘制建筑设计方案、室内布局效果图，帮助客户预览和决策，提升设计沟通效率	根据设计师草图生成住宅楼外观三维渲染图，展示不同光照条件下的视觉效果
时尚与零售	设计服装款式、提供搭配建议、实现虚拟试衣，助力线上购物体验或为设计师提供灵感	为用户生成个性化服装搭配建议，包括上装、下装、配饰的组合及颜色搭配，用于电商平台推荐
影视与动画	生成背景、角色、特效等动画元素，简化制作流程，降低制作成本，或者用于预可视化	创作一部短片的动画分镜，包括场景切换、角色动作、镜头移动等，用于导演前期策划

上表展示了 AIGC 在艺术、商业、教育、娱乐、建筑等多个领域的广泛应用潜力，而随着技术的不断进步，图像类 AIGC 工具的适用范围注定将持续扩大。

6.2.2　图像编辑与美化

图像编辑与美化是指运用 AIGC 工具完成图像处理任务，涵盖瑕疵修复、内容填充、风格迁移、对象识别与分离、图像增强、内容感知缩放等方面，如表 6-3 所示。

表 6-3　图像类 AIGC 工具在图像编辑与美化方面的应用场景

功能类别	介绍	案例
瑕疵修复	自动识别并去除图像中的噪点、划痕、污渍、红眼等缺陷，使画面更纯净	用于美颜等领域，快速消除人物面部的痘痘、皱纹、眼袋，实现平滑肌肤效果，提升肖像照质量
内容填充	基于周围像素信息智能填充图像中缺失的部分，如去除水印、物体移除后的填补等	移除照片中碍眼的电线杆，并自然填充背景
风格迁移	将源图像的艺术风格转化为另一种风格（如油画、素描、卡通等）	将普通风景照片转化为凡·高《星月夜》风格的油画
对象识别与分离	精确识别并分离图像中的特定对象，便于单独编辑或替换背景	提取照片中的人物，将其与原背景分离，以便将其置于新的背景环境中
图像增强	提高图像细节清晰度、降噪、增强弱光区域，尤其适用于低质量或老旧照片	提升老照片的清晰度，去除噪点，恢复暗部细节，使之焕然一新
内容感知缩放	在调整图像尺寸时保持重要细节完整，避免常规缩放导致的失真或质量下降	在缩小风景照片尺寸时，智能保留山脉、建筑等主体结构的清晰度，无明显失真

　　这些功能极大地简化了图像后期处理的工作流程，使得用户无须具备专业知识也能轻松提升图像质量和艺术表现力。图像类 AIGC 工具平台通常设计得直观且对用户友好，它们通过图形化界面和功能按钮的形式，将复杂的图像处理算法封装在易于操作的界面元素之中，使得用户无须编写代码或使用特定的提示词，仅通过点击、拖曳、滑动等直观交互方式即可完成各类编辑与美化工作。美图秀秀的图像处理界面如图 6-6 所示，可以看到，只需上传图片并利用功能工具进行涂抹，就能实现图像的消除。

图 6-6　美图秀秀的图像处理界面

6.3　图像类 AIGC 工具提示词设计步骤

　　设计图像生成提示词，便是通过精心构造的表达，精确调控 AIGC 工具的理解与创作过程，从而实现对图像风格、主题、细节乃至情感内涵的精准把控。

6.3.1　确认主题与内容

　　设计图像生成提示词的第一步是确认主题与内容，它奠定了整个创作的基础，决定了 AIGC 工具将要生成的视觉场景及其核心要素。在使用提示词明确主题与内容时，需要遵循两个原则：具体性与视觉指向性。

1. 具体性

具体性指提示词应详细、具体地描述所期望生成图像的主题、场景、主体对象及其特征，避免模糊不清、过于笼统的表述，以帮助 AIGC 工具构建清晰的视觉画面。下面的一组示例阐述了这一原则，如图 6-7 所示。

| 不具体的描述语言：
森林 | 具体的描述语言：
茂密的热带雨林
秋天的枫叶林 |
| 不具体的描述语言：
海洋 | 具体的描述语言：
波光粼粼的海岸线
北冰洋 |

图 6-7　具体性原则示例

可以看到，单纯的"森林""海洋"等词汇虽然点明了图像的主要内容，但并不具体明确，这就会导致 AIGC 工具生成各种可能的"森林"或"海洋"图像；而明确了"茂密的热带雨林""北冰洋"后，AIGC 工具生成的内容就被限定在具体的景色画面中，不会发生偏移。

明确具体性可以从主体元素和辅助元素两个角度出发。

（1）主体元素

主体元素指画面最主要的对象，包括主体对象的形态、特征、状态等，在"形态各异的热带鱼群与海龟在悠然游弋"中，"热带鱼群与海龟"就是画面的主体元素。

（2）辅助元素

辅助元素指背景环境、时间条件、气候状况等，如"波光粼粼，宁静而生机勃勃的海底景象，形态各异的热带鱼群与海龟在悠然游弋"中，"波光粼粼，宁静而生机勃勃的海底景象"就是背景环境。

2. 视觉指向性

这一原则强调使用具有视觉指向性的关键词，如颜色、材质、形状、动作、情绪等，以丰富图像的视觉元素，避免使用抽象的词汇或是非视觉性的语言进行描述。下面的示例展示了如何确保提示词中充满丰富的视觉元素，如图 6-8 所示。

| 缺乏视觉指向性的描述语言：
充满积极气息的展现精气神
的画面 | 具备视觉指向性的描述语言：
蔚蓝天空下，金色麦田随风摇
曳，农夫挥汗收割 |

图 6-8　视觉指向性原则示例

示例中，"积极气息"或"精气神"都是一种较为抽象的描述，这样的提示词会让 AIGC 工具生成的图像不可知、不可控；而"蔚蓝天空下，金色麦田随风摇曳，农夫挥汗收割"这样的描述包含了丰富的视觉细节，指定了天空与麦田的场景及人物主体"农夫"，这让 AIGC 工具有了生成图像的依据。

组织提示词时使其具有具体性与视觉指向性，生成的图像内容便能高度符合要求。图 6-9 所示为使用明确提示词生成的图像。

"蔚蓝天空下，金色麦田随风摇曳，农夫挥汗收割。"

Ⓓ Designer

由 DALL·E 3 提供支持

图 6-9　AIGC 工具使用明确提示词生成的图像

6.3.2　确认风格与艺术手法

确认风格与艺术手法这一步骤旨在指导 AIGC 工具理解并实现用户期望的艺术表现形式和创作技巧，确保生成的图像不仅准确传达主题内容，还能够体现独特的视觉美学和艺术风格。

1. 风格

在构思和编写提示词的过程中，确认图像风格是赋予作品灵魂和个性的重要环节。它要求创作者精准表达对图像审美倾向的要求。具体来讲，图像风格可以分为"流派主义风格"和"艺术家风格"两种类型。

（1）流派主义风格

流派主义风格是指一种已经成熟并拥有专业术语名称的风格，如精细描绘的现实主义风格、象征意味的抽象派风格，或是厚重质感的古典油画风格，或是现实效果的现代数码摄影风格，等等。表 6-4 所示为部分流派主义风格提示词。

表 6-4　部分流派主义风格提示词

类别	流派主义风格提示词
传统绘画	古典油画、水墨风、工笔画、浮世绘、点彩画、光影主义绘画、油画棒画、铅笔画、钢笔画、马克笔画、水彩画、素描
现代绘画	抽象派绘画、印象派绘画、波普艺术绘画、立体主义绘画、涂鸦风绘画、赛博朋克绘画、二次元绘画、黑白漫画、哥特风绘画、复古风绘画、扁平插画

续表

类别	流派主义风格提示词
数码与科技艺术	现代数码摄影、3D 建模、像素画
工艺美术	纸艺、沙画、拼贴艺术、毛毡工艺
设计与装饰	新艺术运动、装饰艺术

对于图像类 AIGC 工具的使用者来说，积累这样的流派主义风格提示词并理解其特点、内涵，有助于更加准确地表达自己的创作需求，甚至可以提升审美水平。通过对各种流派主义风格的欣赏和分析，使用者可以逐渐培养出独特的审美眼光和品位，从而更好地把握创作方向。

（2）艺术家风格

艺术家风格是指艺术家或艺术团体在长期的艺术实践中形成并展现出的独特而稳定的艺术风貌、特色、作风、格调和气派。

合适的艺术家风格提示词可以引导 AIGC 工具生成具有特定艺术风格和个性的图像。例如，选择某位著名画家的风格，可能会使生成的图像呈现出该画家特有的色彩运用、笔触质感或构图方式等特征。

表 6-5 所示为部分艺术家风格提示词。

表 6-5　部分艺术家风格提示词

类别	艺术家风格提示词
西方艺术家	凡·高、毕加索、莫奈、塞尚、高更、拉斐尔、蒙德里安、穆夏、格兰特·伍德、莫比斯、迪士尼
日本艺术家	葛饰北斋、草间弥生、宫崎骏、新海诚
中国艺术家	徐悲鸿、齐白石、吴冠中、张择端、张大千、仇英、吴道子

图 6-10 所示为输入艺术家名称"凡·高"后生成的图像，可以看到 AIGC 工具很好地模仿了印象派画家凡·高的绘画技巧。

图 6-10　AIGC 工具生成凡·高风格图像

2. 艺术手法

艺术手法提示词是用来指导 AIGC 工具按照某种特定的艺术处理方式进行创作的关键指令。这些提示词可以极为精确地控制生成内容的视觉效果，从而使 AIGC 工具模仿不同的绘画技法、摄影手法或其他艺术媒介的独特风格，如"使用水彩质感表现晨雾中的湖畔""模拟长曝光效果捕捉城市夜景的车流轨迹"。

艺术手法是更加进阶的风格提示词，能够非常细致地界定画面的风格，丰富画面效果。

下面以绘画、摄影和数字艺术这 3 个领域为例，介绍一些常见的艺术手法提示词，如表 6-6 所示。

表 6-6　常见的艺术手法提示词

领域	艺术手法提示词	介绍
绘画	潦草笔触	画面呈现出随意、粗糙的笔触效果，带有涂鸦风格
	草稿笔触	呈现出初步构思或未完成状态的绘画，笔触较为简洁
	浓墨重彩	使用深重、鲜明的色彩，营造出强烈的视觉冲击力
	轻描淡写	笔触轻柔，色彩淡雅，强调简洁和轻盈感
	笔触清晰	画面中的笔触线条分明，细节清晰可见
摄影	长曝光	模拟长时间曝光的效果，常用于捕捉水流、星轨等
	多重曝光	在同一张画面中叠加多个曝光图像，创造出梦幻或超现实的效果
	微距镜头	突出表现物体的细节和纹理，常用于拍摄微小物体或昆虫
	全息摄影	呈现出三维立体效果，使画面更具立体感和空间感
	景深	利用前后景深的差异，营造出画面的层次感和空间感
	超广角	展现宽广的视野，使画面更具开阔感和宏伟感
数字艺术	4K 分辨率	画面清晰度高，细节表现力强，带来接近真实的视觉体验
	超高清	画面细腻度极高，能够呈现更多的细节和纹理
	8K 分辨率	超越 4K 的清晰度，提供更丰富、更细腻的画面表现
	光线追踪	模拟真实世界中的光线反射和折射效果，使画面更具真实感和立体感

恰当地运用艺术手法提示词，有利于大大提升生成效果。图 6-11 所示为利用微距镜头提示词生成的图像。

图 6-11　利用微距镜头提示词生成的图像

6.3.3 确认构图与视角

确认构图与视角是 AIGC 图像生成过程中较为重要的步骤。它涉及如何组织和安排画面中的元素，以及从何种角度展示这些元素，进而塑造出独特的视觉效果。

相对来说，确认构图与视角是更为进阶的提示词设计技巧，对生成更高质量、更符合需求的图像起着重要作用。合理布局空间关系与精心选取观察视角，能够让 AIGC 工具理解并再现创作者心中的完美画面。

这一环节的设计可以分为两个方面：空间布局与视角选择。

1. 空间布局

空间布局指图像的构成元素分布及空间关系，即图像中的主体、陪体及背景之间的位置关系、比例大小和相互联系。如"前景是盛开的樱花树，中景为古建筑群，背景为远山"，这样层次分明的提示词能够有效帮助 AIGC 工具构建层次分明的画面。

常见的空间布局术语提示词如表 6-7 所示。

表 6-7　常见的空间布局术语提示词

空间布局术语	描述	示例提示词
前景	图像中最靠近观众的部分，用于突出重点或引导视线	明亮的花朵在前景中绽放
中景	在前景与背景之间，展现主要场景活动区域	公园的长椅和行人位于中景
近景	类似于前景，通常指比中景更接近镜头的人物或物象	主角面部表情清晰可见的近景特写
背景	图像最深处，提供环境信息和空间感	山脉作为画面背景延伸至远方
主体	图像中心或焦点所在，占据显著地位的元素	建筑主体矗立在画面正中央
边缘	图像边缘，可能用于平衡构图或扩展视野	树木沿着画框边缘自然分布

在提示词中加入表格中的常见空间布局术语，指定物体的相对位置、排列方式或运动状态，能够有效增强生成画面的立体感和动态感。

利用空间布局术语提示词生成的图像如图 6-12 所示。

图 6-12　利用空间布局术语提示词生成的图像

2. 视角选择

视角选择也是关键要素，它涵盖了平视、俯视、仰视、透视等多种视角，甚至包括鱼眼视角、宽幅视角等非常规视角。举例来说，若要生成一幅鸟瞰城市的全景图像，可使用"俯视视角大的繁华都市"这样的提示词。灵活运用不同视角，不仅能够凸显被摄主体的特点，还能创造出新颖且具有沉浸感的画面。

常见的视角术语提示词如表 6-8 所示。

表 6-8　视角术语提示词

视角术语	描述	示例提示词
平视	视线与被摄主体处于同一水平线上，如同人眼日常观察视角	平视视角下的城市街道风光
俯视	从上向下看的视角，类似于鸟瞰或无人机视角	俯视视角下的公园全景
仰视	从下向上看的视角，常用于表现高耸的建筑物或天空	仰视视角下的摩天大楼
透视	用于反映三维空间中物体随着远离观察点而逐渐变小的现象	透视视角下的铁路轨道消失在地平线
鱼眼视角	极端广角镜头产生的扭曲变形视角，视野范围极大	采用鱼眼视角捕捉圆形全景景观
侧视/斜侧视角	从物体侧面或斜侧方向观察的视角	斜侧视角下的汽车轮廓
宽幅视角	类似于宽银幕电影的宽广视角	宽幅视角下的海滨落日景色

利用视角术语提示词生成的图像如图 6-13 所示。

图 6-13　利用视角术语提示词生成的图像

6.3.4　细化术语与技术规格

图像生成技术广泛应用于广告营销、教育等众多领域，而每个领域都有各自的行业术语与规范，这些术语与规范同样可以成为图像设计的提示词。细化术语与技术规格这一环节着重于提示词的专业维度和技术规格，以便 AI 模型能够准确识别提示词并生成相应领域与规格的图像。

1. 术语

针对特定领域的图像生成，如建筑设计、出版、时尚设计等，使用专业术语确保 AIGC 工具准确理解行业特定要求。例如，针对建筑设计领域使用"轴测图""剖面图""平面图"等术语；针对绘画设计领域，使用"三视图""线稿图"等术语。AIGC 工具只有理解这些词汇背后的视觉含义，才能生成具有专业水准和行业特色的图像。

这个环节的提示词设计为各行各业的工作者提供了技术操作的空间，因此也更适用于特定行业的图像生成。

值得注意的是，AIGC 工具生成的图像内容可能有错误之处，因此将其用于专业领域时要格外小心，不能用错误信息误导他人。

用 AIGC 工具 DALL·E 3 生成的建筑设计图如图 6-14 所示，它可以为专业工作者提供思路。

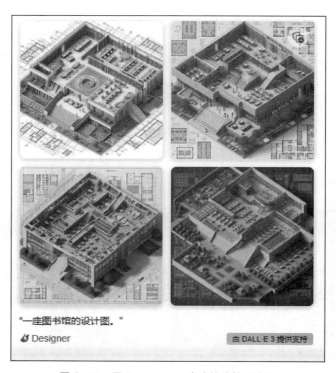

图 6-14　用 DALL·E 3 生成的建筑设计图

2. 尺寸与分辨率

针对不同的应用场景，可能还需要结合具体需求来调整图像的尺寸与分辨率，以获得满足多元化需求的高质量图像。

大部分图像类 AIGC 工具都支持用户自行选择图像尺寸，确保生成的图像符合实际应用需求。因此对于图像尺寸往往无须专门设计提示词，只需在生成时选择相应的尺寸选项。无界 AI 就提供了 6 种比例与 2 种分辨率，如图 6-15 所示。

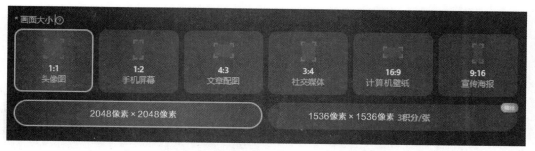

图 6-15　无界 AI 的画面大小选项

6.3.5　迭代和优化

这一步的核心在于不断试验、学习与微调，直到图像达到预期的效果。无论是初次尝试，还是借鉴已有的优秀案例，都需要经历反复实践和反馈修正的过程，以期最大化地发挥 AIGC 工具的潜力，并创作出符合创作者个性化需求的理想图像。

1.　试验与反馈

按照上面的设计要点将初始提示词设计完成后，用户可以将其输入 AIGC 工具中进行初步图像生成。由于 AIGC 工具的理解和表现能力受制于训练数据和算法逻辑，因此首次生成的结果可能与理想图像存在一定的差距。此时，观察和分析 AIGC 工具生成的图像，对照原始提示词，找出两者间的差异和不足之处，使其成为进一步优化图像的依据。

许多图像类 AIGC 工具会提供"再次生成""生成相似图"等功能，使用这些功能有助于不断调试生成结果，如图 6-16 所示。

图 6-16　通义万相的"生成相似图"功能

2.　学习与借鉴

学习与借鉴他人成功的提示词也是一种高效策略。通过研究其他用户的优质生成结果及其对应的提示词，不仅可以快速掌握如何有效引导 AIGC 工具生成特定风格或主题的图像，还能从中提炼出一套适用于自身创作的通用模板或方法论。

　　许多 AIGC 工具会提供其他用户的图像生成提示词，这就为用户提供了学习与借鉴的机会。无界 AI 便具有"一键同款"功能，可供用户生成与参考图拥有相似风格与内容的图像，如图 6-17 所示。

图 6-17　无界 AI 的"一键同款"功能

6.4　应用案例分析：春节节日海报

　　春节，作为中华民族最重要的传统节日之一，不仅有着深厚的文化底蕴，也是企业推广产品的绝佳时机。在这个特殊的节日里，企业设计一张富有创意的节日海报就显得尤为重要。节日海报不仅是传递节日信息、营造节日氛围的重要工具，更是提升品牌形象、吸引消费者眼球的有效手段。

　　众多行业和场景都会需要节日海报。零售企业一般会在春节期间推出各种促销活动，一张精心设计的节日海报能够吸引消费者驻足，提高销售额；餐饮企业则一般会利用节日海报展示特色菜品和节日优惠，吸引消费者光临；媒体和广告公司也会制作节日海报，用于线上线下宣传，扩大品牌影响力。

　　利用 AIGC 工具生成的节日海报的优势在于具有高效性和创新性。借助 AIGC 工具，设计师可以更加便捷地获取灵感，将节日元素、行业特色与品牌理念相融合，创造出独具匠心的节日海报。下面按照图像类 AIGC 工具提示词设计要点，逐一分析春节节日海报的需求要点，设计一份有效的海报生成提示词。

1. 分析场景，确认主题和内容

分析春节海报的常见场景，从而明确几个核心的主题和内容提示词，保证具体性和视觉指向性。

春节作为中华民族的重要传统节日，其核心主题无疑是"春节庆祝活动"，这体现了节日的喜庆和热闹。春节是家人团聚的时刻，因此"家庭团聚"是另一个重要主题，展现了亲情和温暖，这可以通过家人齐聚一堂、人们的笑脸、欢乐的场景来体现。此外，传统元素如"红色背景""烟火""灯笼""对联""剪纸艺术"等能够凸显节日的文化底蕴和特色。将这些具体的、具有高度视觉倾向的元素融合，可以打造出既富有传统韵味又充满现代气息的春节节日海报。

主题和内容提示词如下所示。

春节，家庭团聚，欢乐气氛，红色背景，烟火，灯笼，对联，剪纸艺术。

2. 强化节日气氛，确认风格与艺术手法

在确认节日海报风格的环节，同样要从主题内容的内涵考虑。

首先，考虑到春节的传统文化内涵，"中国风插画风格"是一个很好的选择，这种风格能够很好地展现春节的传统元素和氛围，同时又不失现代感。

其次，为了增强海报的视觉效果和吸引力，可以"融入现代平面设计理念"，通过简洁明了的构图和布局，使海报更加符合现代审美。在艺术手法等细节方面，色彩的选择也非常关键，可以使用"温暖而鲜艳的色调"，如红色和金色，来营造出春节的喜庆和热烈氛围。

最后，进一步突出海报中的重点元素，增强整体的美感，比如"高清色彩"。

风格与艺术手法提示词如下所示。

中国风插画风格，融入现代平面设计理念，温暖而鲜艳的色调，高清色彩。

3. 根据海报设计要求，确认构图

在分析春节节日海报的构图时，要确保构图能够直观并准确地表达春节的核心内涵和节日氛围，同时方便后续的海报排版设计。

为了将一家人齐聚一堂的场景置于画面中心，这里可采用"中心构图"，这不仅能够突出家庭团聚的主题，还能使画面更加平衡和稳定，有利于后期设计海报时将海报标题配于画面上方。

另外"灯笼""烟火""对联""剪纸艺术"等视觉元素也需要构图布局，比如在右侧配以高挂的红灯笼和烟火照亮夜空，在左侧点缀春联和窗花，这些传统元素的加入，既能丰富画面的内容，又能进一步强化春节的文化特色。

风格与艺术手法提示词如下所示。

中心构图，展示全家欢聚一堂的场景，右侧配以高挂的红灯笼和烟火照亮夜空，左侧点缀春联和窗花。

4．强调细节，确认规格

到了这一步，提示词的主要内容基本已确立，只差最后的细节与规格设计。

在海报设计排版领域有许多专业术语，这时可根据实际需求将其应用在提示词中。考虑到这一幅春节节日海报要素较为丰富，内容较为繁杂，可以通过"元素分布协调""主体突出"这样的专业用语，确保生成的春节画面不会杂乱无章。

最后，节日海报通常为固定比例的竖图，这样更容易展示全部信息，所以可以选择 9∶16 的经典竖图比例。

细节提示词如下所示。

元素分布协调，主体突出，9∶16 的比例。

以上步骤从主题内容、风格手法、构图视角、细节规格四大方面明确了一张节日海报的提示词，将其整合起来，我们就得到了一份完整详细的图像生成提示词。

海报生成提示词如下所示。

春节，家庭团聚，欢乐气氛；中国风插画风格，融入现代平面设计理念，温暖而鲜艳的色调，高清色彩；中心构图，展示全家欢聚一堂的场景，右侧配以高挂的红灯笼，左侧点缀窗花；元素分布协调，主体突出，9∶16 的比例。

根据提示词，文心一格生成的春节节日海报如图 6-18 所示。

5．修改迭代

从图 6-18 中可以看到海报内容基本符合提示词的需求。而在最后的修改迭代阶段，用户可以挑选较为满意的海报内容进行二次编辑。以文心一格为例，其图像编辑功能如图 6-19 所示。

图 6-18　文心一格生成的春节节日海报　　　图 6-19　文心一格的图像编辑功能

另外，选择"图片扩展"功能，对已有图像进行画面扩展延伸，指定延伸方向，生成更大的图片。对于图 6-19，选择"图片扩展"功能，能留出更多空间，方便后续加入海报文字元素。扩展后的海报如 6-20 所示。

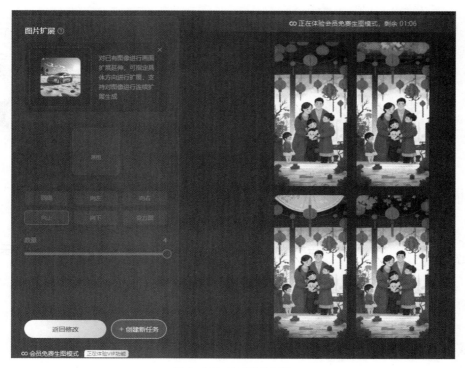

图 6-20　扩展后的海报

以上便是生成春节节日海报的全部过程，利用 AIGC 工具进行春节节日海报的设计与生成，能够大大节省设计成本和时间。一张富有创意和节日氛围的海报可以更好地传递节日的喜悦和祝福。

实训板块

实训项目：创作个性化的班级吉祥物。

根据本班级的特点与氛围，设计一份"班级吉祥物"的提示词，利用图像类 AIGC 工具生成可爱、有趣的班级吉祥物。另外可尝试为该吉祥物设计宣传海报或头像、插图等图像内容。

PART 07

第 7 章
音乐类 AIGC 工具实操技巧

学习目标

➤ 掌握音乐类 AIGC 工具的操作。

➤ 了解音乐类型，利用音乐类 AIGC 工具生成多种风格的音乐。

素养目标

➤ 提升美学素养，具备良好审美能力。

➤ 弘扬社会主义核心价值观，用音乐讲述中国故事。

音乐是一种跨越语言的全球通用艺术形式，由声音和时间组织成有节奏、旋律和和声的结构，它能触动人的感情，传达思想和文化，对人类具有深远意义。

在音乐领域同样出现了表现亮眼的 AIGC 工具，它们不仅能够辅助创作者生成原创旋律，还能通过智能学习算法理解和模拟不同风格、情感和节奏的音乐特点，极大地提升了音乐创作的灵活性和效率。这一切只需通过简单的指令输入或交互式界面即可完成。

本章将探讨如何高效运用音乐类 AIGC 工具来进行音乐创作与探索，如界定风格、乐器、歌词等音乐元素，以及如何利用 AIGC 工具生成的音乐素材进行二次创作与打磨，最终产出高质量且个性化的音乐作品。

7.1　音乐类 AIGC 工具介绍

音乐类 AIGC 工具是 AIGC 技术前沿的关键分支，凭借先进的音频算法与深度学习架构，它们能够精准捕捉并重构音乐的多种元素，包括旋律、和声、节奏乃至特定艺术家的风格特征，实现从无到有的音乐内容生成。当前，全球范围内涌现了众多能够自动生成音乐的先进工具，比如 Suno AI、网易天音等。

7.1.1　Suno AI

Suno AI 是一个基于人工智能技术打造的专业级音乐创作平台，利用前沿的深度学习模型和自然语言处理技术，为用户提供了一种革命性的音乐生成工具。

用户可以通过简单的文本输入，在 Suno AI 上表达自己的音乐构思。无论是某种情感色彩、特定的音乐流派、艺术家风格，还是具体的旋律走向，Suno AI 都能够智能解析这些提示词，并据此生成原创的音乐片段或者完整的歌曲结构。它的独特之处在于，无论是音乐行业的专业人士还是音乐创作的新手，都能通过这一工具迅速实现音乐创意的落地。Suno AI 的第 3 版尤其受到瞩目，这一版本因拥有优秀的创作能力和高度定制化的功能而吸引了大量用户。Suno AI 的图标如图 7-1 所示。

图 7-1　Suno AI 的图标

7.1.2　网易天音

网易天音是由网易旗下的网易云音乐开发并推出的一款一站式 AI 音乐创作工具。网易天音旨在通过先进的 AI 技术，帮助音乐爱好者、创作者甚至是完全没有音乐背景的普通用户便捷地进行音乐创作。这款工具集合了多项 AI 功能，包括但不限于 AI 作词、AI 编曲和 AI 演唱等核心模块。

用户只需输入简单的灵感关键词、情感基调词、主题词甚至是一段文字，网易天音就能够快速生成初步的词曲，且该工具支持用户对生成的内容进行进一步的个性化调整。此外，网易天音提供了丰富的音乐风格选项，用户可以一键选取不同的音乐类型，让它依据选定的风格来完成更加专业的编曲工作。另外，网易天音也允许用户一键导出音乐和将生成的音乐分享至多个社交网络或音乐平台。

通过不断的迭代更新，网易天音在 2022 年之后的版本中增加了更多功能，例如限时免费试用多种音乐风格、一键渲染音乐作品以及优化移动端创作体验等。这让更多的用户能够借助 AI 力量挖掘自身的音乐潜能，创造出独具特色的音乐作品。其图标如图 7-2 所示。

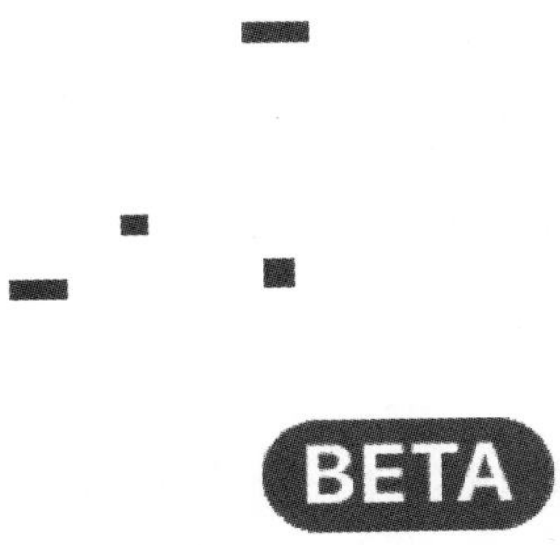

图 7-2　网易天音的图标

7.1.3　其他音乐类 AIGC 工具

除了 Suno AI 和网易天音这两款成熟的音乐生成工具，还有很多音乐类 AIGC 工具可供选择，如表 7-1 所示。

表 7-1　其他音乐类 AIGC 工具

工具名称	功能简介
TME Studio	专业音乐创作与制作平台，整合了 AI 技术，赋能音乐创作者进行高效的音乐制作、混音、智能谱曲等操作
ACE Studio	免费的 AI 音乐合成工具，让用户可以通过输入歌词和旋律来生成高度拟人化的歌声，提供实时合成和高品质输出功能，适合音乐爱好者和专业用户制作虚拟歌手歌曲
BGM 猫	在线背景音乐生成器，用户可以根据不同场景、风格和情绪标签，一键生成匹配的背景音乐，无须下载软件，在线即可完成定制化音乐制作，尤其适合视频制作、广告配乐等应用场景
SOUNDRAW	通过选择不同标签快速生成音乐，支持众多音乐流派、主题、音乐长度与旋律速度，提供免费无限次数的生成机会

这些工具的功能各有侧重，包括专业的音乐编曲、自动化的歌声合成以及便捷的背景音乐生成。众多功能都极大地增加了音乐表达的可能性，并降低了创作门槛，让音乐世界变得更加多元且触手可及。

7.2　音乐类 AIGC 工具的应用场景

音乐类 AIGC 工具的应用已深入音乐创作、教育、娱乐乃至专业制作等诸多领域，展现出了前所未有的广阔前景。从智能编曲、生成歌词，再到 AI 歌手模拟真声演绎歌曲，音乐类 AIGC 工具不仅革新了传统工作模式，更带来了全新的音乐应用场景。接下来，我们一同探索音乐类 AIGC 工具如何在不同场景下解锁音乐创作的新维度。

7.2.1　音乐生成

　　AIGC 工具在音乐一键生成领域的应用，标志着音乐创作进入了一个极为高效且智能的时代。音乐类 AIGC 工具利用机器学习和深度学习技术，通过分析海量音乐数据，学习不同音乐类型、旋律结构、和弦进程以及节奏模式，能够在用户输入特定指令、情感描述、关键词后，迅速生成全新的原创音乐片段或完整歌曲。音乐生成的细分场景如表 7-2 所示。

表 7-2　音乐生成的细分场景

细分场景	功能描述
生成词曲编唱	自动创作歌词；AI 辅助作曲，生成旋律；编曲环节自动化，生成伴奏；歌声合成，无须真人演唱
生成纯音乐	根据用户指定的风格、情绪、速度等参数，自动生成无歌词的完整音乐作品
根据歌词生成歌曲	用户输入歌词文本，音乐类 AIGC 工具基于歌词内容和上下文生成相应的旋律和编曲

　　以上各场景体现了音乐类 AIGC 工具在不同维度的应用，这使得音乐创作变得更加灵活和普遍，无论是词曲一体化创作，还是专注于纯音乐的生成，或是依据歌词创作完整的歌曲，都变得更加便捷高效。

　　图 7-3 所示为 Suno AI 的音乐生成界面，可以看到该工具支持用户输入自己的歌词、选择音乐风格、修改音乐标题，以此生成完整音乐。

图 7-3　Suno AI 的音乐生成界面

7.2.2 音乐编辑

音乐编辑是一种利用 AI 技术帮助音乐创作者优化、完善、调整音乐作品的过程。这类 AIGC 工具能够智能分析音频素材，识别音乐结构，并提供自动化或半自动化的编辑建议，同时也可以直接对音乐元素（如旋律、和弦、节奏、混音效果等）进行修改或生成新的创意部分。

使用音乐编辑这一功能需要具备一定的乐理知识，因此它更适合有音乐基础的创作者。

以网易天音为例，其为音乐创作者提供的音乐编辑功能如表 7-3 所示。

表 7-3　网易天音的音乐编辑功能

功能模块	功能描述
自由创作	手动谱曲，个性化和弦编排，选择风格生成编曲作品
基于曲谱创作	海量经典曲谱直接导入，快速生成编曲
上传作曲	上传 MIDI，AIGC 工具基于 MIDI 匹配生成可编辑的编曲

注：乐器数字接口（Musical Instrument Digital Interface，MIDI），一组能表示音乐参数的代码，用于让计算机理解各类音乐参数。

这些功能使得音乐创作者能借助音乐类 AIGC 工具实现高效的音乐编辑和创作，快速将自己的音乐想法落地。用户可以登录网易天音的网站后在线体验这些功能。图 7-4 所示为网易天音的音乐编辑功能界面。

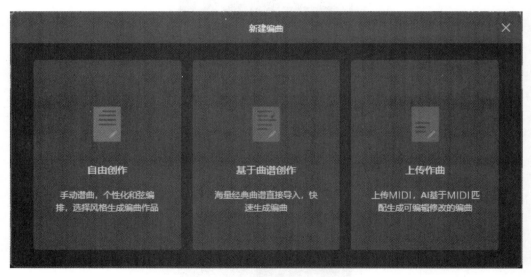

图 7-4　网易天音的音乐编辑功能界面

音乐编辑对于普通用户来说，如何通过提示词快速生成想要的音乐更值得深入学习。接下来将进一步探讨音乐类 AIGC 工具提示词的设计。

7.3　音乐类 AIGC 工具提示词设计步骤

　　提示词的设计不仅是生成文字、图像、图表等内容的关键，同样是影响音乐生成质量的核心要素。音乐包括旋律、节奏、歌词、乐器等要素，音乐类 AIGC 工具提示词同样由许多要素组成。

　　理解并掌握音乐类 AIGC 工具提示词设计的原则与方法能帮助用户有效组合各类要素，促进 AIGC 工具更准确地捕捉音乐的风格、情感和结构特征，从而实现从提示词到优美音乐的转化。

　　音乐类 AIGC 工具提示词的公式如图 7-5 所示。

图 7-5　音乐类 AIGC 工具提示词的公式

7.3.1　确定音乐主题

　　在专业的音乐创作领域中，"音乐主题"是一个术语，指在一部音乐作品中反复出现并构成其基本结构的一段旋律、和声进程或者节奏模式。但对于使用音乐类 AIGC 工具快速生成内容的普通用户来说，这里所说的"音乐主题"指歌曲主要内容，可以包括日常事物、行为活动等，比如月亮、旅行、夕阳、远山、星空、梦想等。

　　灵感词汇和音乐生成时的主题高度相关，也会直接影响音乐的情感基调甚至是歌词内容。通过"一首关于月亮的歌"这样的提示词生成的音乐可能就会比较静谧、朦胧、温柔。

　　以网易天音为例，该平台会为用户提供一系列关键词灵感，用户可选择一定数量的关键词以辅助生成歌词和音乐。图 7-6 所示为网易天音的关键词灵感界面。

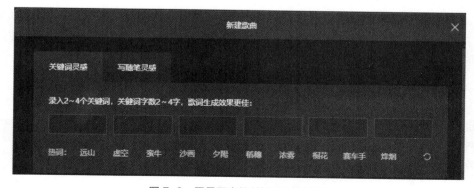

图 7-6　网易天音的关键词灵感界面

　　除了碎片化的灵感词汇，网易天音还支持输入更长的随笔灵感，通过场景化的文字描述营造氛围，如图 7-7 所示。

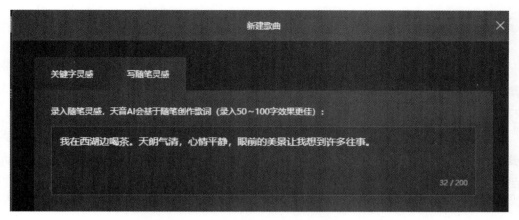

图 7-7　网易天音的写随笔灵感界面

随笔灵感的提示词案例如下。

我在西湖边喝茶。天朗气清，心情平静，眼前的美景让我想到许多往事。

以上案例同样是通过营造场景与一种特定的氛围来传达音乐情绪的。这样的情绪与灵感都为音乐类 AIGC 工具生成旋律与歌词提供了依据。

7.3.2　明确风格与情感

对人类来说，音乐是一种传达心情与感受的重要艺术形式，而让音乐拥有情绪倾向的最重要因素就是其风格与情感。有关音乐风格和情感的提示词是非常重要的提示词，直接左右了生成内容的最终呈现状态。

1. 音乐风格

听一首歌，人们往往会率先注意到音乐的风格类型。风格是音乐的灵魂，当沉浸在音乐的世界中，不同的风格会给我们带来不同的感受。

在音乐生成领域中，精确描绘音乐的风格类型是重中之重，如古典、摇滚、爵士、电子、民族等，以便音乐类 AIGC 工具能有针对性地借鉴相应风格元素。音乐发展至今，形成了丰富多彩的类型、风格、主题，可以说，熟悉音乐风格术语是设计提示词的关键前提。

常见的音乐类型如表 7-4 所示。

表 7-4　常见的音乐类型

音乐类型	类型简介	适用领域
古典音乐	源于欧洲的传统音乐流派，特点为系统、经典和严肃	音乐会、音乐节、电影配乐、舞蹈、戏剧、学术研究
摇滚音乐	20 世纪 50 年代起源于美国，以强劲的节奏、电吉他使用、反叛精神等为主要特点	演唱会、音乐节、电影配乐、电视广告、商业推广
爵士音乐	源自非洲和欧洲音乐的融合，以即兴演奏、复杂和声和节奏、蓝调情感为特色	音乐会、酒吧、咖啡厅、电影配乐、舞蹈

续表

音乐类型	类型简介	适用领域
电子音乐	使用电子合成器和计算机创作的音乐，包括浩室舞曲、迷幻舞曲等子流派	舞厅、音乐节、电影配乐、游戏配乐、广告配乐
民族音乐	体现特定民族文化和传统的音乐，可以是广义的浪漫主义中后期乐派或狭义的民族音乐	文化活动、音乐节、电影配乐、旅游推广、学术研究
民谣音乐	相对于商业化音乐而言，强调歌曲中的信息和情感传递	演唱会、音乐节、电影配乐、纪录片、学术研究
古风音乐	以中国传统音乐为基础，结合流行音乐元素，体现古风文化和美学	游戏配乐、电影配乐、文化活动、广告配乐、社交媒体

　　每种音乐类型都有其丰富的子流派和变体，而且音乐类型的适用领域也常常交叉重叠。在实际应用中，我们可以根据具体需求和情境，结合这些音乐类型的元素和特色，进行灵活的借鉴和选择。

　　许多音乐类 AIGC 工具也会为用户提供选择音乐类型的功能界面。网易天音的音乐类型选项如图 7-8 所示。

图 7-8　网易天音的音乐类型选项

2. 音乐情感

　　音乐是传达情感与情绪的重要媒介，这一点也体现在提示词的设计中，这类提示词可以被称为"情感词汇"。

　　情感词汇指直接点明心情、情绪与感情倾向的词汇，如快乐、悲伤、激动、宁静、浪漫等。

　　音乐能够有效传达情感，在提示词里加入情感词汇，可使音乐类 AIGC 工具模拟对应情感氛围的音乐主题。用户需要根据不同的场景选择不同倾向的情感词汇，部分情感词汇如表 7-5 所示。

表 7-5　部分情感词汇

情绪类型	情感词汇示例
积极 / 正向情绪	快乐、愉快、兴奋、欢喜、乐观、自豪、自信、热爱、幸福、愉悦、陶醉、惊喜、感恩、满足、欣慰、鼓舞、激励、希望、憧憬、向往
消极 / 负向情绪	悲伤、忧郁、沮丧、绝望、痛苦、懊悔、愤怒、恐惧、焦虑、紧张、压抑、孤独、失落、嫉妒、仇恨、悲观、无助、迷茫、厌倦、烦躁
中性 / 平衡情绪	宁静、淡然、平和、沉稳、冷静、稳定、沉默、自在、放松、安心、无所谓、接纳、包容、释然
特殊 / 复杂情绪	怀旧、浪漫、尴尬、矛盾、纠结、挣扎、惋惜、惆怅、悲喜交加、爱恨交织、无奈、犹豫不决、患得患失

音乐类 AIGC 工具 SOUNDRAW 就在生成音乐时提供了许多情感词汇，有助于用户匹配自己的心情和需求，如图 7-9 所示。

图 7-9　SOUNDRAW 的情感选择界面

7.3.3　调整专业细节

音乐通常包含多个基本要素，包括旋律、节奏、和声、音色和结构等。这些要素相互作用，共同构成了丰富多彩的音乐世界。在音乐类 AIGC 工具领域同样可以自主调整这些较为专业的要素，让音乐生成更专业、更完美。

下面将介绍部分可调整的专业音乐要素，可供用户使用音乐类 AIGC 工具时参考。

1. 速度

部分音乐类 AIGC 工具允许用户选择或自定义不同的节奏与节拍速度（BPM[1]），以确保音乐的律动恰到好处。一般来讲，不同的 BPM 对应着不同的音乐情绪和应用场景，具体对应效果如下。

（1）慢速（60～90BPM）

这种速度常常出现在慢歌、古典音乐的部分章节，以及一些轻松的背景音乐中，可以营造出宁静、深沉或浪漫的氛围。

（2）中速（90～120BPM）

这是许多流行歌曲、摇滚音乐、R&B（节奏布鲁斯）和一些民谣的标准速度范围，适合日常活动和一般舞蹈场合，例如恰恰、华尔兹等舞曲的常用 BPM 就在这个区间内。

（3）快速（120～160BPM）

快速的 BPM 常出现在快节奏的舞曲和流行音乐中。

---

1 BPM，全称为 Beat Per Minute，指每分钟节拍数，是衡量音乐速度的重要指标。

（4）高速（>160BPM）

高速的 BPM 在电子舞曲的一些子流派中非常常见，它们能营造出极强的能量感和激发紧张刺激的情绪。

在具体的使用场景中，用户可在提示词中自主加入 BPM 提示词，或通过平台工具的功能界面进行调整。Suno AI 就允许用户设计 BPM 提示词，如图 7-10 所示。

图 7-10　Suno AI 的 BPM 提示词

而网易天音则在音乐生成界面提供了许多不同的 BPM 类型，如图 7-11 所示。

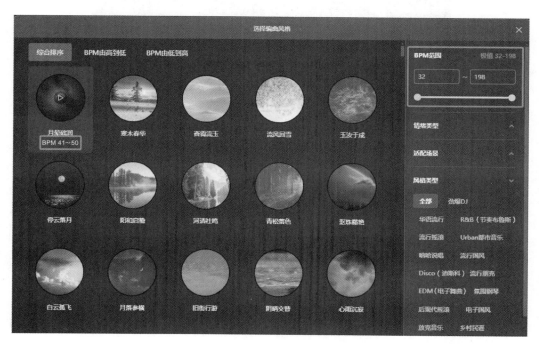

图 7-11　网易天音的 BPM 类型选择界面

2．人声与乐器

音乐类 AIGC 工具能提供多样化的虚拟音色库，包括虚拟歌手人声与乐器，以让用户选择合适的声音。Suno AI 等平台支持用户在提示词中指定人声与乐器声，其提示词示例如下。

- 20 世纪 80 年代风格、合成波、后朋克、女声、140BPM、和声。
- 冷酷、电子和弦、女声。

● 俱乐部舞蹈、合成流行音乐、小提琴、钢琴、电子。

而网易天音则直接为用户提供了歌手选择界面。用户可根据歌曲主题与风格，选择不同类型的虚拟歌手，图 7-12 所示为这一界面。

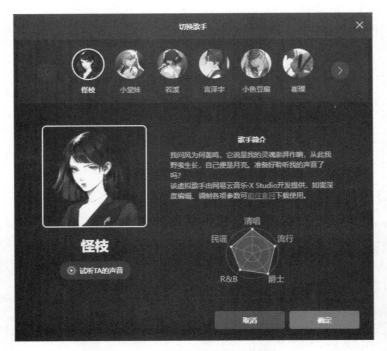

图 7-12　网易天音的歌手选择界面

3．歌词结构

歌曲有段落之分，这往往会体现在歌词上。对于歌词创作，音乐类 AIGC 工具可以帮助用户按照特定的诗歌格律或流行歌曲的常见结构（如前奏—主歌—副歌等）生成歌词内容，而用户可以主动控制歌词结构，也可以对音乐类 AIGC 工具生成的歌词进行修改和完善，实现个性化定制。

常见的歌曲结构如下。

前奏（Intro）：歌曲开始的部分，用来引出歌曲的主题和情感基调，通常由乐器演奏或人声哼唱。

主歌（Verse）：主歌是歌曲的主要叙事部分，用于讲述故事、表达情感或展开歌曲主题，一首歌曲会有多个主歌段落，不同主歌的内容可能有所变化和发展。

预备副歌（Pre-Chorus）：可选部分，位于主歌和副歌之间，用于过渡和铺垫，提升情绪，使得从主歌到副歌的过渡更为流畅自然。

副歌/高潮（Chorus）：副歌是歌曲中最易记忆、旋律最强的部分，通常包含了歌曲的核心主题和最具代表性的旋律。副歌往往在歌曲中重复出现多次，起到强调和统一全曲的作用。

说唱（Rap）：在嘻哈音乐和其他一些音乐类型中，说唱是一种独特的表达方式，它可以作为主歌的一部分，也可以替代副歌或独立成段。说唱的特点在于它节奏性强和歌词的密集传达。

桥段/过门（Bridge）：桥段是歌曲主体部分（主歌和副歌）之间的转折点，通常具有不同于主歌和副歌的新旋律和和声，用于扩展歌曲的多样性并推动歌曲发展至新的阶段。

尾奏/结束（Outro）：歌曲的结束部分，可以是对整首歌的总结，或者是逐渐减弱直至消失的音乐段落。

以上歌曲段落都可自主调节编撰。网易天音的歌曲段落编辑界面如图 7-13 所示。

图 7-13　网易天音的歌曲段落编辑界面

7.4　应用案例分析：视频插曲

现代社会，音乐被广泛应用于各种领域，如电影电视、游戏艺术、广告推广、商业活动、音乐教育……音乐是传达感情、烘托氛围的重要媒介，其在影视行业同样如此。在短视频快速发展的今天，一首独特的音乐有利于提高作品质量，吸引观众注意。

有了音乐生成技术，人们对音乐的需求能被轻松满足。这里以下面的需求场景为例，分析如何设计音乐生成提示词，并利用音乐类 AIGC 工具获得优质音乐。

某风景美学视频号的内容以亲切、温和、文艺闻名。最近，该视频号制作了一条主题为"赏月"的短视频，并且需要为短视频配上一首带歌词的音乐插曲。

1. 分析场景，确定主题关键词

案例场景中，一条以"赏月"为主题的短视频需要插曲。我们很容易从中确定音乐的核心主题。比如在这里，我们简洁直白地以"月亮"为主题关键词，将其作为丰富提示词的核心起点。

2. 构建情境与故事线索

围绕主题关键词充分发挥联想能力，构建相关情境或故事线索，能进一步丰富提示词的内容。根据"月亮"一词，联想有关月亮的情境背景，如"寂静深夜的皎洁月光下，一个人遥望星空的思念之情"；也可以添加可能的故事情节作为提示词，如"在月亮下重逢与离别的动人故事"。

3．细化情感和风格

在这一步，我们要从关键词与情境更进一步，以音乐的具体要素为切入点，寻找情感与风格提示词。由于该视频号的定位为风景美学，风格也以亲切文艺为主，所以优先选择轻柔的音乐要素。可以描述月亮所唤起的情感色彩，比如宁静、神秘、浪漫、怀旧、思乡等；也可以设定音乐风格，例如古典、伤感流行、乡村民谣等。

4．确定专业细节

通常来讲，通过上面的 3 个步骤，普通用户已经可以设计出一则相对完善的音乐提示词来生成音乐了，但如果对内容有着更高的要求，还可以进一步确定专业细节。

根据"月亮"歌曲的主题和风格倾向，可以从速度、人声器乐与歌词结构进行斟酌。

速度方面，该歌曲偏向温和轻柔，所以选择慢速的 60BPM。

人声器乐方面，选择温柔的年轻女声，并加入钢琴配乐。

5．整合信息，生成音乐

经过以上步骤，一首关于"月亮"的歌曲便有了丰富的信息内容，现整理如下。

主题提示词：寂静深夜的皎洁月光下，一个人遥望星空的思念之情。

情感倾向：宁静、怀旧

风格：民谣

BPM：60

人声：温柔女声

器乐：钢琴

将以上信息填入音乐类 AIGC 工具，单击生成，就能获得结果。图 7-14 所示为网易天音的音乐生成界面，可以看到大部分信息都被填入了界面中。

图 7-14　网易天音的音乐生成界面

单击"开始 AI 写歌"按钮，生成的词曲及其编辑界面如图 7-15 所示。

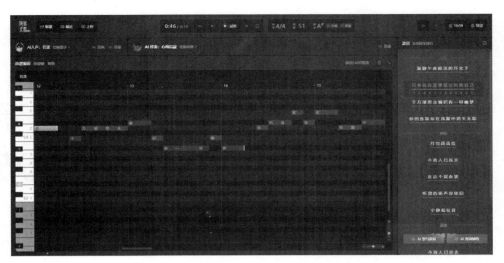

图 7-15　网易天音生成的词曲及其编辑界面

　　在这一编辑界面，我们还可以调整人声、伴奏，修改歌词甚至是直接修改曲谱。经过细致的调整，可以得到一首有头有尾、质量不错的短视频插曲。

实训板块

　　实训项目：设计并生成班级班歌。

　　根据本班级的特点与氛围，敲定班歌的风格、节奏以及歌词，生成一首时长少于 2 分钟的歌曲作为班级的班歌。生成后可尝试学习跟唱。

PART 08

第 8 章
视频类 AIGC 工具实操技巧

学习目标

➤ 掌握视频类 AIGC 工具的操作。

➤ 学习视频编导知识，利用 AIGC 工具快速编辑与生成视频。

素养目标

➤ 培养美学素养，具备良好审美能力。

➤ 拒绝不良导向，生成健康视频。

视频是一种视听结合的艺术形式，通过对画面、音效和情节的编织，讲述着丰富多彩的故事，传达着深刻的思想和情感。在数字媒体时代，视频已成为人们生活中不可或缺的一部分，无论是娱乐、教育还是信息传播，视频都发挥着重要的作用。

视频类 AIGC 工具能够辅助创作者高效编辑视频，包括数字人播报、文本配音、文本一键转视频等。另外，一些前沿的 AIGC 工具还可直接生成精美的视频画面。这些工具通过深度学习算法理解并模拟不同风格、情感和节奏的视频特点，极大地丰富了视频创作的可能性，提高了制作效率。创作者只需通过简单的操作或交互式界面，即可轻松驾驭这些 AIGC 工具。

本章将深入探讨如何高效运用视频类 AIGC 工具进行视频编辑，以帮助大家打造出高质量且个性化的视频。无论是初学者还是经验丰富的视频创作者，都能从本章的实操技巧中获益匪浅。

8.1　视频类 AIGC 工具介绍

　　视频类 AIGC 工具是 AIGC 领域的璀璨新星，它们借助前沿的视觉算法和深度学习技术，能够精准解析视频的复杂元素，支持数字人播报、一键视频剪辑、视频生成等实用功能。当前，全球范围内已经涌现出众多能够自动生成高质量视频内容的前沿工具，如 Sora、腾讯智影等。这些视频类 AIGC 工具不仅提升了视频创作的效率，更为创作者们提供了全新的艺术表达手段，让视频创作进入了一个全新的智能时代。

8.1.1　Sora

　　Sora 是由 OpenAI 研发的一款开创性的视频类生成工具，标志着 AI 技术在视频内容创作领域的重大突破。Sora 自发布以来，以其独特的功能特性与强大的生成能力，引发了全球科技界与各行业用户的广泛关注与热烈讨论。

　　Sora 是一款基于文本描述生成视频的 AIGC 工具，首次实现了世界模型（World Model）特质，即能够理解并模拟现实世界的复杂交互与物理规律。不同于传统的视频合成工具，Sora 能够根据用户提供的文本脚本生成连贯、多镜头的视频内容。用户只需输入详细的文本描述或故事脚本，Sora 即可将文字转化为生动的视频画面。无论是复杂的场景布置、角色动作、对话内容还是特定的情感氛围，Sora 都能够精准理解和细腻呈现，极大地降低了视频创作的技术门槛和时间成本。

　　另外，Sora 生成的视频可精确再现物体间的动态关系、光影效果以及环境变化等高度拟真的细节，其生成质量达到相当高的高度，为用户带来了前所未有的视频创作体验。其生成的视频长度一般可达 1 分钟，如图 8-1 所示。

图 8-1　Sora 生成的视频

与之对比，其他视频生成工具如 Runway、Stable Video 等，目前仅支持生成数秒的视频长度。

8.1.2　腾讯智影

腾讯智影是由腾讯公司自主研发的一款综合性视频创作 AIGC 工具，致力于通过 AIGC 赋能内容创作者，实现高效、便捷、智能化的视频制作流程。自面世以来，腾讯智影凭借其全面的功能、易用的界面与强大的云端计算能力，赢得了广大用户，尤其是企业、媒体和个人创作者的青睐。

腾讯智影集多种功能于一体，其主要的功能如下。

（1）数字人播报

腾讯智影提供丰富的数字人形象，用户仅需输入文字脚本，即可一键生成由数字人主持的播报视频。这些数字人形象逼真、表达生动，适用于新闻播报、企业宣传、线上教育等多种场景，可有效替代真人出镜，实现 7 天 24 小时不间断的内容输出。

（2）文本配音与自动字幕

腾讯智影内嵌文本转语音技术，使用户可以快速将文本内容转化为自然流畅的语音旁白，支持多种语言与音色选择。同时，其自动字幕识别功能能够准确识别并生成视频内的对话或解说字幕，这大大简化了字幕制作流程。

（3）智能剪辑与特效

腾讯智影具备自动剪辑功能，可根据用户上传的素材智能识别关键帧，自动生成初步剪辑版本。此外，腾讯智影还提供丰富的特效与模板，让用户可以轻松添加转场、滤镜、动画等元素，快速提升视频的专业质感。

（4）文章转视频

腾讯智影能够将长篇文字内容自动转化为具有视觉吸引力的视频，结合腾讯素材库、语音播报与更多视频编辑元素，将文本转化为生动的视听体验，尤其适用于知识分享、教程讲解等场景。

（5）变声功能

腾讯智影特有的变声技术允许用户在保留原始语音韵律的前提下，将其转换为指定的其他声音，为视频增添多样化的表现力。这一功能在角色扮演、剧情创作等领域具有极大的应用价值。

（6）动态漫画

腾讯智影利用丰富的图形处理能力，将用户提供的文字剧本、人物设定、场景描述等素材转化为生动的动态漫画视频，降低了传统动画制作的复杂度和技术门槛，使得个人创作者、动漫爱好者乃至小型工作室都能轻松涉足动画制作领域。

腾讯智影的图标如图 8-2 所示。

图 8-2　腾讯智影的图标

8.1.3　其他视频类 AIGC 工具

可以看到，Sora 和腾讯智影分别提供了视频生成与视频编辑两种技术。目前的视频类 AIGC 工具主要集中在这两种功能领域，由此诞生了许多各具特色的工具，如表 8-1 所示。

表 8-1　其他视频类 AIGC 工具

工具名称	功能简介
万彩微影	AI 自动生成动画短视频，提供大量短视频模板。企业和自媒体及个人可以高效、快速、智能地制作短视频作品
一帧秒创	智能视频创作平台，支持图文转视频，通过快速识别语意、划分镜头与匹配素材，1 分钟左右便可生成视频；另外同样支持数字人播报、智能配音
剪映	知名手机端与 PC 端视频编辑软件，专为社交媒体短视频制作而设计，提供文字转视频功能，通过文字智能匹配视频素材
Runway	提供先进的视频处理功能，如根据文本生成图像、视频局部无损放大、动态追踪、智能调色等；通过 AI 技术，实现对视频内容的智能分析和处理，提升视频质量和创作效率
Stable Video	提供"图生视频"和"文生视频"功能，支持与生成视频的参数编辑

整体来讲，目前市面上可用的视频类 AIGC 工具主要提供图文转视频功能，即通过智能识别语意或图像，将现有素材处理为动态视频。而直接通过文字内容生成视频的技术较为稀有，目前主要是行业领先团队 Open AI 的 Sora 质量最优。

用户选择视频类 AIGC 工具时，不仅要充分考虑自己的需求——如是否需要快速生成模板化视频、是否追求高度定制化内容、目标受众特点、预算限制等，还要确保准备好相应的素材资料。对于图文转视频工具，可能需要清晰的文字脚本、相关的图像、图标、图表等视觉元素，以及特定的品牌指南或风格要求。而对于像 Sora 这样的文本驱动视频生成工具，用户主要是提供详尽的文字描述，可能还包括场景设定、角色性格、情感基调、关键事件等细节信息。

8.2　视频类 AIGC 工具的应用场景

视频类 AIGC 工具的应用正逐步渗透到影视制作、在线教育、广告营销及日常娱乐等多个领域，展现出令人瞩目的应用潜力。具体来讲，这类工具在视频生成和视频编辑两大领域取得了革命性进步。从智能生成、配音、剪辑到 AI 数字人，视频类 AIGC 工具可谓颠覆了传统视频制作流程。下面将深入介绍其各个应用场景。

8.2.1 视频生成

视频生成指将文字或图片等内容直接转化为动态视频的功能。借助先进的深度学习技术，AIGC 工具能够准确理解用户输入的文字或图片信息，并将其转化为生动逼真的动态视频。无论是创作一部短片、设计一段广告，还是生成个性化的动态海报，AIGC 工具都能轻松应对，并且省去传统视频拍摄的全部烦琐工作。

1. 文字生成视频

文字生成视频指通过提示词文本命令 AIGC 工具直接生成视频内容的生成方式。用户只需输入一段描述性的文字，它便能理解其意图，并据此生成与之匹配的视频内容。

此方式只需构思设计提示词，无须再准备其他图片或视频素材，因此是最为方便与高效的生成方式，能够让 AIGC 工具充分发挥理解与合成能力，创造出既契合提示词，又充满想象力的视频。图 8-3 所示为输入提示词"午后的阳光透过楼房的窗户照射进来。"后生成的视频截图。

图 8-3　文字生成视频截图

2. 图片生成视频

图片生成视频技术利用 AIGC 工具将静态的图片转化为动态的视频。使用这一功能需要用户上传已有图片，AIGC 工具将根据图片里的内容元素进行理解与合成，使图片元素运动起来。

与文字生成视频不同，通过图片进行生成自然就需要用户提前准备好图片资源。在准备图片资源的基础上，用户可自行选择是否需要用文字提示词加以辅助。表 8-2 所示为图片生成视频的两种细分场景。

表 8-2　图片生成视频的细分场景

细分场景	功能描述
文字+图片生成	上传图片，同时使用提示词加以描述，辅助图片生成更符合预期也更具变化性的视频
纯图片生成	仅上传图片，不借助提示词，让 AIGC 工具自行读取图片内容生成视频

两种细分场景各有其用处。利用提示词辅助生成视频的示意图如图 8-4 所示。可以看到，用户输入一张已有图片，并输入辅助提示词"一个男人走在街上的低角度镜头，

周围酒吧的霓虹灯照亮了他"，AIGC 工具便根据原有图像的构图和提示词生成了一条有霓虹灯和行走动态效果的视频。

图 8-4　利用提示词辅助生成视频的示意图

8.2.2　视频编辑

视频类 AIGC 工具的另一大应用场景便是视频编辑，这是指对原有的视频素材进行高效二次编辑，包括智能剪辑、智能字幕生成、人脸识别和物体跟踪、数字人播报等。这些功能都大大简化了原本复杂的视频编辑步骤。下面将举例讲解常见的视频编辑功能。

1. 智能剪辑

视频智能剪辑是视频编辑领域的核心功能之一，其通过深度学习和计算机视觉技术，实现了对视频内容的智能分析和自动化处理。

在视频智能剪辑过程中，AIGC 工具能够自动识别视频中的关键帧、场景切换和动作序列，根据预设的剪辑规则和用户输入的提示词，进行精准而高效的剪辑操作。除了基本的剪辑功能，智能剪辑技术还支持智能配乐、智能调色等高级功能，能够根据视频内容自动生成匹配的背景音乐，提供虚拟配音，提升视频的整体观感。

目前，包括腾讯智影、一帧秒创、剪映在内的视频类 AIGC 工具的功能大同小异，掌握一款往往可触类旁通。以腾讯智影为例，其文章转视频的功能区如图 8-5 所示。

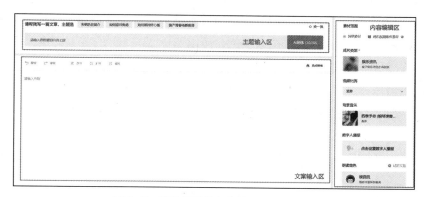

图 8-5　腾讯智影的文章转视频的功能区

该工具包括 3 个功能区域。

（1）主题输入区

主题输入区即用户输入视频标题、主题、核心内容的区域。用户只需在此输入简短的主题提示词，该工具就能自动生成长段文章来作为视频文案与口播[1]依据。

主题提示词示例如下。

宋朝历史简介

如何应对焦虑

国产青春电影推荐

（2）文案输入区

文案输入区是生成、输入与编辑视频文案的区域。一方面，用户在主题输入区输入主题后生成的文案内容会在此区域呈现；另一方面，用户也可以自行准备文本，将其复制粘贴在文案输入区。

此区域还支持 AI 改写功能，支持对文章内容进行润色、改写、缩写。

（3）内容编辑区

内容编辑区是编辑与调整视频形式的功能区，支持对素材匹配、成片类型、视频比例、背景音乐、数字人和音色朗读的修改与调整。

① 素材匹配。AI 视频剪辑依赖于已有的素材来生成视频，因此素材匹配成为关键步骤。腾讯智影拥有丰富的素材，包括图像、视频片段、特效等。当用户上传文章并选择"文章转视频"功能时，腾讯智影会根据文章内容和用户设定的参数，从素材库中自动匹配最合适的素材来构建视频。用户还可以手动调整或替换素材，以进一步优化视频效果。这种灵活的素材匹配方式，使得视频创作更加个性化和专业化。

② 成片类型。成片类型决定了视频的整体风格和呈现方式。腾讯智影提供了多种预设的成片类型，如新闻风格、纪录片风格、微电影风格等。用户可以根据文章内容和目标观众，选择合适的成片类型。腾讯智影会根据用户所选类型自动调整视频的节奏、转场效果、字幕样式等，以打造出符合预期的视觉效果。

③ 视频比例。视频比例是指视频的宽度和高度之比，常见的比例有 16：9、9：16、4：3 等。腾讯智影允许用户根据播放平台和需求灵活调整视频比例。例如，如果用户打算将视频发布到手机短视频平台，可以选择 9：16 的竖屏比例；而如果用户是为电视或计算机屏幕制作视频，则可以选择 16：9 的横屏比例。

④ 背景音乐。腾讯智影提供了丰富的背景音乐，涵盖多种风格和流派。用户可以根据视频内容和情感需求选择合适的背景音乐。同时，腾讯智影还支持用户自定义上传音乐，以满足更其个性化的需求。

⑤ 数字人。腾讯智影的数字人功能是一大特色。用户可以选择使用数字人作为视

---

1 口播：用口头表达来传递信息的视频制作方式。

频中的主持人或解说员，为视频增添趣味性和科技感。数字人的形象、动作和表情都可以根据用户需求进行定制。由于数字人主要依托视频格式呈现，因此一般被归于视频类 AIGC 领域。下一节中我们将详细介绍这一特色功能。

⑥ 音色朗读。对于文章中的文字内容，腾讯智影提供了多种音色朗读选项。这些音色包括男声、女声、童声等多种类型，每种类型下又有多种不同的风格和语速可供选择。

编辑调整好以上所有参数后，"文章转视频"功能生成的视频会跳转到视频剪辑的剪辑窗口，以便用户充分发挥主观能动性，自行替换素材、二次剪辑。

2. 其他 AI 视频编辑功能

在视频编辑领域中，智能剪辑和数字人播报以其独特功能和颠覆性效果成为最为亮眼的 AI 功能。在这两种功能之外，仍有其他 AI 功能可为视频编辑提供便捷。

（1）文本配音

文本配音是 AIGC 工具在视频编辑中的重要应用，它能够将用户输入的文本转化为自然流畅的语音。用户只需提供文本内容，AIGC 工具会根据选定的语言、语音风格（如男声、女声、儿童声、专业播音员声等）、语速、语调和情感色彩（如高兴、悲伤、严肃等）自动生成高质量的配音音频。这种功能极大地简化了配音制作过程，节省了聘请专业配音人员的成本和时间，尤其适用于教育视频、产品演示、解说短片、自媒体内容等场景。一帧秒创的文本配音界面如图 8-6 所示。

图 8-6 一帧秒创的文本配音界面

（2）自动字幕

自动字幕功能利用 AIGC 工具的语音识别技术，能实时或批量地将视频中的对话或解说转换成文字，并自动生成精准匹配的视频字幕。腾讯智影的"字幕识别"功能如图 8-7 所示。

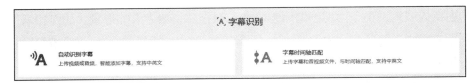

图 8-7　腾讯智影的"字幕识别"功能

（3）视频智能抠图

视频智能抠图功能运用深度学习和计算机视觉技术，能够自动识别并精确提取视频帧中的人物、物体或特定区域。这项功能使得用户无须手动逐帧操作，即可快速完成复杂的抠像任务，如更换背景、合成特效、去除水印、分离前景与背景等。图 8-8 所示为剪映的智能抠图示意图。

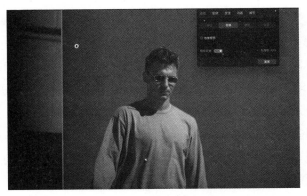

图 8-8　剪映的智能抠图示意图

（4）视频风格转换

视频风格转换功能能够将一段源视频的视觉风格（如色彩、纹理、光照、画风等）转变成另一种特定的风格。这可以是模仿著名画家的作品风格，也可以是使视频呈现黑白电影、动漫、素描、油画、复古滤镜等效果。图 8-9 所示为 Runway 的视频风格转换功能示意图。

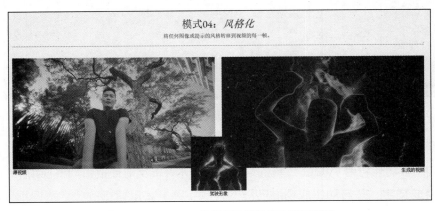

图 8-9　Runway 的视频风格转换功能示意图

8.2.3 数字人

在 AI 视频领域，不得不提到一个特殊的功能，即"数字人"。

1. 数字人的定义

数字人是一种融合了人工智能、机器学习、自然语言处理及 3D 建模技术的创新型应用软件和服务，它们能够创建出高度拟人化、智能化的虚拟形象，服务于多元化的场景需求。这些工具的核心能力在于构建和训练能够模仿人类表情、动作、声音乃至情绪反应的数字模型，进而实现与用户的自然交互。

在实际应用中，数字人可用于创建定制化的虚拟客服、虚拟主播、在线教育讲师、虚拟偶像等角色，大大拓展了传统的媒体传播、教育培训、娱乐社交等领域。例如，用户能够通过输入文本或语音指令来操控数字人完成知识讲解、产品推广、客户服务等工作；或者通过上传个人照片、视频，借助 AIGC 技术生成与本人相似度极高的数字替身，实现个性化的数字内容输出。

此外部分高级的数字人还能实时捕捉并模拟真人面部表情、肢体动作，使得虚拟形象的表现更为生动真实。同时，结合大数据分析和深度学习算法，数字人还可以不断优化交流策略和内容生成，以适应不同用户群体的需求和反馈，从而在各行各业发挥出重要作用。图 8-10 所示为央视网的 AI 数字主播。

图 8-10　央视网的 AI 数字主播

2. 数字人的应用

数字人播报的核心是虚拟数字主播。数字人可以设计成各种性别、年龄和职业形象，以适应不同的应用场景和用户偏好。

用户输入文本内容后，AIGC 工具会将其转化为自然、有情感色彩的语音输出，模拟真人说话的节奏、韵律和语气，甚至包括停顿、重音、笑声等细节，以增强表达的真实感。

腾讯智影的数字人播报界面如图 8-11 所示。

图 8-11　腾讯智影的数字人播报界面

腾讯智影的数字人播报功能支持用户选择数字人形象、播报模板、播报背景、背景音乐和播报文案等。

使用数字人相关功能一般需遵从以下步骤。

（1）选择平台

选择并登录所选视频类 AIGC 工具的服务平台，如腾讯智影或其他具备数字人播报功能的软件或在线平台；确保已注册账号并有权访问相关功能。

（2）进入数字人模块

在工具主界面找到并单击"数字人播报""虚拟主播"或类似的选项，进入专门的数字人制作工作区。

（3）选择并编辑数字人形象

浏览平台提供的数字人库，选择符合项目需求的虚拟主播。考虑因素包括性别、年龄、风格（正式、休闲、卡通等）、语言、声音特质（如亲和力、权威性等）、语速。部分平台可能允许自定义数字人的外貌特征或购买或上传特定的数字人模型。腾讯智影的数字人音色编辑界面如图 8-12 所示。

（4）导入或生成播报文本

导入或生成需要由数字人播报的文本内容，确保文本准确无误，符合播报风格和目标受众。有些视频类 AIGC 工具可能提供文本生成功能，可根据用户输入的主题直接生成播报文本，免除用户自行撰写的步骤。

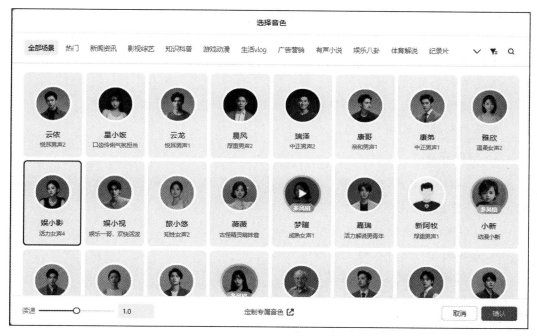

图 8-12　腾讯智影的数字人音色编辑界面

（5）配置视觉呈现

定制数字人的背景图片、背景音乐、站位及动画特效等要素，确保呈现风格与视频内容主题一致。

（6）添加额外元素

根据视频制作需求，添加其他视觉或音频元素，如视频、图像、图表、音乐、音效、字幕样式、过渡效果等，以丰富视频的内容和观赏体验。

8.3　视频类 AIGC 工具提示词设计步骤

视频类 AIGC 工具的提示词设计是引导 AIGC 工具生成符合预期视频内容的关键环节。视频同样是一种视觉化的呈现媒介，其提示词设计与图像类 AIGC 工具的提示词设计有异曲同工之处。同时，视频又是一种动态的内容，而且现在的视频生成技术通常只能生成相对较短的视频（如 4 秒左右），提示词需要精练、准确且富含动态细节，以便在有限的时间内传达丰富的视觉信息和叙事线索。

8.3.1　确定主题与内容

在设计生成视频的提示词时确定主题与内容是关键的第一步。确定主题与内容，就是要具体地、有指向性地描述画面包含的视觉元素。在此环节，同样可以从"主体元素"和"辅助元素"两个方面进行描述。

1. 主体元素

提示词要明确表述视频的主体元素或核心概念，可以包括主体对象的情态、特征、状态等具体视觉元素。下面是一组视频主体元素的提示词案例。

微笑着的小男孩（情态）

一只黑白斑点狗（特征）

飘浮的女性宇航员（状态）

2. 辅助元素

辅助元素指描述具体的环境、氛围、时代背景或文化细节等能够烘托主体元素的其他元素。下面是一组视频辅助元素的提示词案例。

霓虹灯闪烁的夜晚街道（环境）

欢快嬉戏着的派对人群（氛围）

19 世纪欧洲画室（时代背景）

复古未来主义风格的飞船（文化细节）

3. 主体元素与辅助元素的空间位置关系

将主体元素与辅助元素相结合，就能得到一个有主有次的视频画面。在这一步，主体元素与辅助元素要合理搭配，确定好空间位置关系。这直接影响到接下来对运动画面的设计。主体元素与辅助元素相结合的提示词案例如下。

在霓虹灯闪烁的夜晚街道上站着一个微笑着的小男孩

欢快嬉戏着的派对人群之外，有一只黑白斑点狗

女性宇航员在复古未来主义风格的飞船里飘浮

8.3.2　描绘特殊的视觉风格

图像的风格丰富多样。视频作为动态的画面，同样可以有多变的风格、色调、光线或滤镜。在生成视频内容时描绘视觉风格有利于使视频更具特色，更有吸引力。

常见的视觉风格提示词如表 8-3 所示。

表 8-3　视觉风格提示词

要点类别	提示词示例
风格	清新风格、复古风格、科技风格、梦幻风格
色调	暖色调、冷色调、鲜艳色调、暗调、自然色调
光线	柔和光线、强烈光线、阴影效果、逆光效果、动态光线
滤镜	复古滤镜、黑白滤镜、色彩增强滤镜、模糊滤镜、光晕滤镜

结合风格要素的视频提示词示例如下。

现实风格，电影级画质，在霓虹灯闪烁的夜晚街道上站着一个微笑着的小男孩。

复古色调的女性宇航员在太空中飘浮。

8.3.3 描绘关键动态

描述关键动作或事件变化，确保视频内容在短时间内呈现动态变化，这一步是视频生成区别于图像生成的核心环节。设计好关键动态提示词能够为 AIGC 工具生成连贯、生动的视频画面提供清晰指导。

描绘关键动态，首先确定执行关键动作的角色或物体。一般来讲，动作主体都是画面主体元素，如上文提到的"微笑着的小男孩"。主体元素的动作更能吸引人的注意力，但辅助元素同样可以有动态变化，如"霓虹灯闪烁"。确认好动作与变化的元素，可为接下来刻画动作过程做好铺垫。而描绘关键动态，可以从刻画动作过程、表现动作轨迹与空间关系及展示动作情感与意图 3 个角度入手，下面将分别介绍。

1. 刻画动作过程

对动作过程进行刻画是视频动态效果的最常见的角度之一，可突出运动的主体元素，这需要合理使用动词与副词，精确有力地描述出画面动态。

（1）动词

使用动词精确描述动作本身，如"跳跃""挥舞""旋转""绽放"等。部分动词提示词如表 8-4 所示。

表 8-4 部分动词提示词

动作类别	相关动词举例
移动类	行走、奔跑、跳跃、滑行、攀爬、翻滚、飞跃、穿梭、漂浮、坠落、上升、下降
肢体动作类	挥舞、握持、抛掷、抓取、拍打、敲击、推搡、拉动、弯曲、伸展、点头、摇头
体育运动类	射门、投篮、挥杆、冲刺、转身、防守、进攻、平衡、闪避
舞蹈动作类	跳跃、旋转、踢腿、扭动、踏步、摇摆、手势、挥手、抬腿、弯腰、跳跃、下蹲
艺术创作类	绘画、雕刻、书写、演奏、歌唱、编织、雕塑
自然现象类	绽放、飘落、燃烧、喷涌、流动、冻结、融化、生长、枯萎、滚动、破碎、碰撞
战斗动作类	刀砍、剑刺、射击、格挡、闪避、瞄准、冲击、潜行、狙击、突围、反击、施法
情感表达类	笑容满面、泪流满面、拥抱、握手、亲吻、挥手告别、怒目而视、皱眉思考、惊讶瞪眼

根据设想中发生动作的元素，匹配不同的动作类别，选择相应的动词提示词，示例如下。

动词提示词

微笑的小男孩在歌唱。

一只斑点狗在翻滚。

（2）副词

除了最主要的动词提示词，还可以辅以副词细化动作幅度、速度或力度，如"缓缓升起""猛烈撞击""优雅地转身"。

2. 表现动作轨迹与空间关系

表现动作轨迹与空间关系也是一种常用的动态提示词，适合呈现画面的整体动态与氛围。

（1）动作轨迹

为了精确指导视频类 AIGC 工具捕捉并再现复杂的动态场景，提示词需要描绘动作在三维立体空间内的轨迹，示例如下。

动作轨迹提示词

演员从舞台幕后慢慢走向聚光灯下。

篮球沿着曲线飞向篮筐。

示例中的描述不仅传达了动作的速度（"慢慢"），还明确了动作在三维空间的具体轨迹（"从舞台幕后慢慢走向聚光灯下"）。此外，还需考虑动作的覆盖范围，诸如"沿着曲线"这样的表述能够帮助 AIGC 工具理解动作的空间延展性和整体形态。

（2）空间关系

在生成视频时，动作的呈现不应孤立，而是要充分结合主体元素与其他元素的相对位置关系，示例如下。

空间关系提示词

舞者在舞台中央旋转，背景中的彩带环绕其周围飘扬。

这句话既描述了主体舞者的动作（"旋转"），又体现了主体元素与辅助元素（"彩带"）之间的互动和空间关联，确保视频在合成过程中能够真实还原这些动态的空间布局及视觉效果。

3. 展示动作情感与意图

提示词还可以强调动作传达出的情感与意图，表达一种意蕴与氛围。

（1）突出情感色彩

在设计提示词时还可以重点传递动作所承载的情感深度和氛围，示例如下。

情感色彩提示词

恋人在雨中深情相拥，脸上洋溢着幸福的笑容。

画家凝视画布，眼神中流露出专注与期待。

在描述"恋人在雨中深情相拥"时，不仅要提及具体的动作"相拥"，更要强调情景下的情感细节——"脸上洋溢着幸福的笑容"，这有助于 AIGC 工具在生成视频时细腻刻画角色面部表情和身体语言，使观众能够真切感受到那种温馨浪漫的情感交流。类似的，"画家凝视画布，眼神中流露出专注与期待"的描绘，能够让 AIGC 工具理解和再现艺术家在创作过程中的心理状态。

（2）传达目的与意义

传达动作的目的或意义是增强视频内容的故事性和感染力，同时提示词还可以明确指出动作所指向的目标或潜在含义，示例如下。

目的与意义提示词

科学家紧握实验成果，眼中闪烁着坚定的信念。

这样的描述传达了动作"紧握"背后的深层目的，即科学家对于科研成果的珍视以及即将带来的影响。通过这样的描述，AIGC 工具在生成视频时会倾向于重点突出表现科学家的决心和信心。

刻画动作过程、表现动作轨迹与空间关系及展示动作情感与意图并非缺一不可，用户可根据自己的需求灵活选择。

8.3.4　描绘镜头运动

在视频拍摄领域，镜头运动是指通过改变镜头光轴、移动摄像机机位或变化镜头焦距来拍摄不同的画面，它是摄像者发挥创造性的重要手段。虽然视频类 AIGC 工具能直接生成视频，不需要真实的摄像机，但同样可以模仿镜头的运动效果。

为了赋予视频丰富的视觉动态，提示词应准确指导镜头的移动方式，示例如下。

镜头运动提示词

镜头缓缓推进，逐渐聚焦于恋人在雨中相拥的画面。

镜头跟随画家的手部动作平稳摇移，展现画笔在画布上挥洒的轨迹。

此处的"缓缓推进""聚焦"均为镜头运动的专业术语，是指 AI 模拟摄像机从远至近、由模糊到清晰的拍摄过程，强调恋人间的亲密瞬间。同样，"镜头跟随画家的手部动作平稳摇移，展现画笔在画布上挥洒的轨迹"中的"平稳摇移"引导 AI 模拟摄像机保持特定速度和角度跟随画家手部的动态，呈现创作过程的连贯性。

镜头运动的部分专业术语如表 8-5 所示。

表 8-5　镜头运动的部分专业术语

镜头运动专业术语	具体解释
推镜头	镜头从远向近移动，仿佛拉近观众与被摄主体的距离，常用于突出细节或增强情绪张力
拉镜头	镜头从近向远移动，逐渐远离被摄主体，展示更广阔的环境或场景，常用于揭示关系或位置
摇镜头	摄像机固定在某一轴线上左右或上下转动，如同人头部转动观看，常用于展现宽广场景或连续动作
移镜头	摄像机沿水平或垂直方向平滑移动，跟随被摄主体或展示空间关系，可让观者产生身临其境的效果
跟镜头	镜头持续跟随移动中的主体，保持主体在画面中的相对位置不变，常用于跟踪动作或展现人物视角

续表

镜头运动专业术语	具体解释
变焦	调整镜头焦距，使画面中主体大小发生变化（变大或变小），不涉及摄像机的实际移动
旋转	摄像机围绕自身轴线或被摄主体进行全方位转动，常用于360°观察或创造眩晕、混乱感
平移	类似移镜头，但通常指水平方向上的直线移动，常用于展示广阔风景或追踪水平移动对象
升降格	摄像机垂直上升或下降，常用于展现建筑物高度、人物位置变化或营造特殊视觉效果
定向运动	指定镜头沿着特定轨迹运动，如弧形、曲线、螺旋等，常用于增强画面动感与创意性
倾斜	摄像机机身沿水平轴线左右倾斜，形成斜角视角，用于打破常规透视，增强视觉冲击力

8.4 应用案例分析：奶茶广告短片

视频广告是一种以视频形式呈现的广告，通过动态画面、声音和文字的有机结合，将产品或服务的信息以直观、生动的方式传达给受众。在数字化时代，视频广告凭借其高度的视觉冲击力成为品牌推广和市场营销的重要手段。

视频广告的形式多种多样，需要结合广告品牌的具体需求来定制。现在借助视频类AIGC工具，广告商可以快速获得动态视频作为广告的素材与参考资料。

现在以某奶茶产品广告为例，分析如何通过视频类AIGC工具生成16秒左右的广告短片。案例场景如下。

某饮品品牌在冬季推出了一款奶茶新品，主要用料为巧克力、榛子仁，口感丝滑，外包装温馨可爱。现在该品牌要制作一条动画短片以宣传该奶茶。

1. 分析需求，确定主题与内容

饮品品牌在冬季推出新品，表明其关注季节性消费需求，旨在提供与冬季氛围相符的温暖、舒适饮品体验。新品以巧克力、榛子仁为主要用料，暗示产品具备浓郁、香醇的口感特征，与冬季消费者追求的暖身与甜点享受契合。另外，外包装温馨可爱表明品牌注重产品外观设计，试图通过视觉吸引力增强消费者购买意愿，尤其是吸引年轻女性或喜欢可爱风格的受众。

根据以上需求分析，可以为视频确定如下主体元素与辅助元素。

主体元素：棕色的榛子奶茶。

辅助元素：白雪飞扬的背景。

2. 根据元素内容确定视频风格

根据该奶茶品牌温馨可爱的风格、女性化年轻化的受众群体，以及上一步确定的视频元素，我们可以从多种视觉风格中选定一个作为整条广告短片的视觉基调。

明亮光鲜的视觉画面更能引起消费者的食欲，也能凸显奶茶饮品的温暖与美味，因此视频风格的提示词示例如下。

视频风格：明亮的写实风格

3. 分别确定 4 种关键动态

目前的视频类 AIGC 工具大部分支持生成 4 秒左右的视频，为了制作一条 16 秒左右的广告短片，我们需要制作 4 条 AIGC 视频，因此每条视频可以包括一个关键动态。前面介绍了关键动态可以包括刻画动作过程、表现动作轨迹与空间关系及展示动作情感与意图。考虑到该广告的视频主体元素是奶茶，因此可以以奶茶的动作过程和动作轨迹为切入点，结合辅助的背景元素，设计 4 则动态提示词。提示词需要突出奶茶新品的丝滑、可口、温暖、可爱等特点，抓住消费者的眼球，示例如下。

关键动态：

巧克力奶茶缓缓倒入杯中，细腻的奶盖浮于茶底上方。

榛子仁在奶茶中轻轻上浮，模拟真实饮用时的场景。

吸管插入奶茶，轻微搅动，展示奶茶的丝滑口感。

奶茶冒出热气腾腾的蒸气。

4. 确定镜头运动

为了丰富广告视频的动态效果，同时刻画奶茶产品的丰富细节，突出其可口程度，可以在该视频中选用一些镜头动作，示例如下。

镜头动作：

聚焦

拉近

特写

5. 整理并完成提示词

经过以上 4 个步骤的考量，奶茶广告提示词的要点已基本完备。接下来需要发挥动态想象力，将以上提示词要点整理为完整的提示词。4 条视频生成提示词的示例如下。

白雪飞扬的背景中，镜头聚焦于巧克力奶茶缓缓倒入杯中，细腻的奶盖浮于茶底上方。镜头向奶茶拉近。采用明亮的写实风格。

巧克力奶茶的特写，榛子仁在奶茶中轻轻上浮，模拟真实饮用时的场景。采用明亮的写实风格。

白雪飞扬的背景中，吸管插入奶茶，轻微搅动，展示奶茶的丝滑口感。采用明亮的写实风格。

奶茶冒出热气腾腾的蒸气，镜头聚焦于奶茶冒出的蒸气。采用明亮的写实风格。

将"白雪飞扬的背景中，巧克力奶茶缓缓倒入杯中，细腻的奶盖浮于茶底上方。镜头向奶茶拉近。采用明亮的写实风格。"的提示词输入视频类 AIGC 工具，其生成的视频如图 8-13 所示。

图 8-13　AIGC 工具生成奶茶广告视频

　　按照类似的步骤，将其他 3 则提示词输入 AIGC 工具，就可以得到 4 条 4 秒的动态视频。随后加上文字特效、转场特效等效果，就能得到一条关于奶茶的广告短片。

> **实训板块**
>
> 　　实训项目：小组组队生成并剪辑一段主题视频。
>
> 　　在课堂上敲定视频主题，如"舞蹈""自然风光""四季变化"等。班级根据人数划分小组，小组成员分别根据视频主题设计提示词，用视频生成类 AIGC 工具生成不同风格、视角、画面的视频内容，再借助视频编辑类 AIGC 工具将生成的视频拼接剪辑为不短于 1 分钟的视频。在课堂上公开播放、鉴赏小组视频，并选出排名前三的小组。

PART 09

第 9 章
其他 AIGC 工具与功能介绍

学习目标

➢ 了解其他 AIGC 工具。
➢ 根据自身需求，熟练掌握多种 AIGC 工具的功能，提升创作效率。

素养目标

➢ 培养时代意识，紧跟技术发展，拓宽视野。
➢ 践行务实精神，用技术解决实际问题。

在 AIGC 的影响下，文字写作、可视图表、演示文稿、图像绘画、音乐音频、动态视频等生活中常见的领域出现了各种提高效率与质量的工具。而在这些领域之外的其他领域中，也存在诸多极具实用性的 AIGC 工具，包括但不限于图书阅读与分析、办公会议记录、3D 建模、商业数据分析以及智能搜索与整理等，其为各行各业的用户带来了前所未有的智能化体验。

随着技术的不断迭代与应用场景的持续拓展，可以预见未来的 AIGC 工具将进一步模糊人机界限，让 AI 成为每个用户的智能伙伴，从而共同塑造更加高效、智能的工作与生活环境。正因如此，生活在技术爆发时代下的我们更应该抓住技术发展的动向，以智能高效的工具武装自己。

9.1 长文本类 AIGC 工具与实操

长文本，如学术论文、研究报告、法律文档、文学作品等，阅读起来需要耗费大量时间精力。在长文本阅读需求日益增加时，长文本类 AIGC 工具应运而生。它们凭借强大的自然语言处理能力和长文本理解能力，实现了对万字甚至百万字级别的长文本内容的阅读与分析，为用户提供了高效的阅读辅助与内容分析服务。

9.1.1 长文本类 AIGC 工具介绍

以下介绍几款常见的长文本类 AIGC 工具。

1. Kimi

Kimi 是由北京月之暗面科技有限公司推出的 AIGC 工具，在长文本处理方面表现出色，支持长达 20 万字的无损长文本生成，这一能力在全球大模型产品中处于领先地位。Kimi 能够处理和理解复杂的长文本，如专业学术论文、法律文件、技术文档等。不仅如此，Kimi 还具备超强的长文本内容提炼和归纳能力，能够快速提炼出文章的核心内容，为用户提供高效的内容阅读和整理体验。Kimi 的操作界面简洁直观，如图 9-1 所示。

图 9-1　Kimi 的操作界面

Kimi 支持的功能包括长文本阅读与分析、多语言对话、信息搜索和网页内容解析等。

（1）核心功能

长文本阅读与分析是 Kimi 最核心也是最为亮眼的功能。Kimi 可以阅读用户上传的 TXT、PDF、Word、PPT、Excel 等格式的文件。Kimi 最多支持上传 50 个文档，每个文档最多支持 100 MB 的内存，整体可支持分析阅读 20 万字的文本。2024 年 3 月，Kimi 推出内测版本，支持 200 万字超长文本的阅读。

另外，Kimi 拥有超长无损记忆的特性，能够在多轮对话中保持信息的完整性，为用户提供连贯且深入的交流体验。这一特点使 Kimi 在处理复杂的、跨越多段文本的问题时具有显著优势。

（2）其他功能

① 多语言对话。Kimi 支持流畅地进行中文和英文对话。

② 信息搜索。Kimi 具备搜索能力，可连接互联网，结合互联网资料搜索结果为用户提供更准确的回答。

③ 网页内容解析。Kimi 能够解析网页内容，支持用户上传网页链接，并根据网页链接解析网页内容，回答用户的问题。

Kimi 作为一款长文本类 AIGC 工具，具有出色的长文本处理能力、超长无损记忆、智能搜索与实时信息整合等功能，能够为用户提供高效、便捷的长文本阅读和处理体验。无论是在工作、学习效率提升，还是在旅行规划等方面，Kimi 都能发挥重要作用，成为用户生活中的得力助手。

2. Claude

Claude 是 Anthropic 公司研发的一款先进的人工智能工具，以其卓越的长文本处理能力、高度的可靠性和多功能应用在 AIGC 领域脱颖而出。

Claude 的主要特点和功能如下。

① 超长文本理解。Claude 能够处理超长文本，远超传统模型，确保对超长文本的无缝理解和连贯回应。

② 跨文本整合分析。支持同时上传多个附件（每个不超过 10MB），实现跨文本的对比、整合与解读，非常适合科研、法律分析等需要综合多份资料的工作场景。

Claude 的图标如图 9-2 所示。

图 9-2　Claude 的图标

9.1.2　长文本类 AIGC 工具实操技巧

从本质上讲，长文本类 AIGC 工具属于写作类 AIGC 工具，其与文心一言、ChatGPT 等工具的功能界面与操作方式基本一致。在实际操作时，长文本类 AIGC 工具需要用户先上传待处理的长文本文件或链接，再输入提示词与 AI 进行互动，以获得长文本的分析总结等内容。

1. 选择输入方式

在使用长文本类 AIGC 工具前，首先需准备好内容并选择合适的输入方式。一般来讲，此类 AIGC 工具支持以下输入方式。

（1）直接上传

用户可以通过长文本类 AIGC 工具提供的接口上传本地存储的长文本文件，包括 PDF、Word、TXT 等格式的文件。

另外，Kimi 等长文本类 AIGC 工具还支持上传多文本文件，实现对多个文本的整体阅读和对比分析。这一功能对需要批量处理文件的用户来说非常实用。

（2）在线链接输入

对于网络上的长文本，用户可以复制并粘贴其网址到长文本类 AIGC 工具中，长文本类 AIGC 工具会自动抓取并处理链接指向的文本内容。

（3）直接输入文本

对于非超长文本的内容，也可以使用对话框直接与长文本类 AIGC 工具进行对话。如果文本内容已经复制到剪贴板，可直接粘贴到长文本类 AIGC 工具的文本框中进行处理。

以 Kimi 为例，其输入框界面如图 9-3 所示。

图 9-3　Kimi 的输入框界面

在选择输入方式时，应在考虑文章来源、个人操作习惯以及长文本类 AIGC 工具的具体功能支持后，选择最为便捷高效的途径。

2. 撰写提示词，与长文本类 AIGC 工具互动

对于长文本类 AIGC 工具，同样可通过文本提示词进行问询与互动。内容上传后的下一步便是撰写提示词，快速获得阅读文本后提取的信息。

（1）明确阅读目标

在与长文本类 AIGC 工具互动前，应明确自己的阅读目的，如了解核心观点、查找特定信息、分析数据趋势等。明确的目标有助于撰写有针对性的提示词，引导长文本类 AIGC 工具生成符合需求的内容。一般来讲，用户可以利用长文本类 AIGC 工具可达到的目的如表 9-1 所示。

表 9-1　利用长文本类 AIGC 工具达到的目的

目的	介绍
快速概览全文	理解文章整体框架、主要章节内容及结论，快速进行信息的概括和整理
提取核心观点	识别作者的主要论点、主张或立场，包括文章的主题思想、中心论题及其支撑论据
查找特定信息	搜寻特定事实、数据、案例、引用文献、研究方法、实验结果等详细信息，用于佐证观点、撰写报告或论文

续表

目的	介绍
追踪发展趋势	对于行业报告、市场分析、科研进展等类型的文章，关注其中的数据变化、趋势预测、未来展望等内容
对比分析观点	在多篇文章或同一文章内的不同观点之间进行比较，梳理异同点，辨析优缺点，形成综合判断
解答具体问题	针对阅读过程中产生的疑问或待解决问题，向 AIGC 工具提出有针对性的问题，寻求解答或建议
提炼知识要点	整理文章中的重要知识点、理论框架、概念定义、步骤流程等，用于学习、教学或知识管理
评价文章质量	依据一定的标准（如学术规范、新闻价值、写作技巧等），对文章的整体质量做出评价

（2）撰写精准提示词

根据阅读目标，撰写简洁明了的提示词，示例如下。

请生成文章的摘要，不超过 500 字。（快速概览全文）

文章中提到的解决方案是什么？（查找特定信息）

作者对×问题的观点是什么？（查找特定信息）

请你分析介绍这两份文件的异同点。（对比分析观点）

（3）利用关键词

提示词包含文章主题、关键概念、特定人物等关键词，有助于 AIGC 工具更准确地定位相关信息，提供精准回答，示例如下。

谈到"收入下降"问题的地方有哪些？

文章中，"CEO 王总"的观点有哪些？

（4）引导 AIGC 工具深度交互

对于复杂或专业性强的长文本，可利用提示词引导 AIGC 工具进行深度交互，如要求它解释某个术语、分析某个论据的合理性、对比不同观点等，通过持续的提问与反馈，与 AIGC 工具共同探索文章深度内容，示例如下。

请求 AIGC 工具解释术语"＿＿＿＿"在本文中的具体含义。

请 AIGC 工具梳理文章中关于"＿＿＿＿"议题的不同派别观点，并简述其主要分歧点。

请 AIGC 工具深入探讨文中提及的"＿＿＿＿"现象背后的深层社会、经济、文化原因。

（5）适时调整提示词

根据 AIGC 工具的回复，适时调整提示词，以获取更符合需求的答案。如它的回答未能满足需求，可尝试变换提问角度、细化问题或提供更多的上下文信息，示例如下。

原提问：请简述文中讨论的气候变化影响。

细化后：请详细列举并分析文中提到的气候变化对农业生产的具体影响。

原提问：请解释文中提到的"区块链"是什么。

补充上下文：本文探讨的是区块链在供应链金融中的应用，请在此背景下解释"区块链"。

图 9-4 所示为 Kimi 生成的关于长文本阅读的结果。

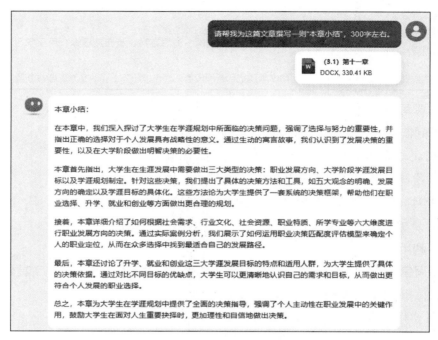

图 9-4　Kimi 生成结果

图中，AIGC 工具精准地识别了文档里的观点与内容，并很快按照要求生成了总结。

9.2　办公会议类 AIGC 工具与实操

在 AIGC 发展的浪潮中，办公会议的方式也发生了改变。借助前沿的 AIGC 技术，线上会议变得更为方便。这些工具深度融合 AI 技术，从语音识别、实时转录、自动摘要、虚拟助手等多个维度，革新了会议的组织、参与及后续处理流程，有效提升了沟通效率，减轻了人力负担，实现了办公场景和知识管理的精细化与自动化。

9.2.1　办公会议类 AIGC 工具介绍

在 AIGC 技术诞生前，办公会议工具就已有了一定的市场规模。而自 ChatGPT 等生成式 AIGC 工具涌现后，曾经的办公会议工具纷纷自我突破、研发创新，积极融合了 AIGC 技术，推出了许多结合自身特长的 AI 助手产品。表 9-2 所示为常见的办公会议类 AIGC 工具。

表 9-2 常见的办公会议类 AIGC 工具

工具名称	特点简介
腾讯会议 AI 小助手	基于腾讯自研的通用大语言模型"混元"，覆盖会议全流程，能实时生成会议纪要、提炼议题，支持会后整理重点，跟进事项，提升开会和信息流转效率
飞书妙记	通过语音识别技术将会议内容实时转写为文字，并生成会议纪要；支持多语种识别，能自动区分发言人，提供会议摘要和关键词提取功能
麦耳会记	提供实时语音识别转写、关键词提取、会议纪要自动生成等功能；支持多种会议场景，如线上会议、研讨会等，并可与多种办公软件无缝对接
通义听悟	结合语音识别和自然语言处理技术，实现高准确度的语音转写，同时提供全文摘要、章节速览、发言总结等功能，帮助用户高效"阅读"音视频内容
讯飞听见	基于科大讯飞领先的智能语音技术，实现会议内容的实时转写、翻译和摘要生成；支持多语种识别，提供丰富的会议管理功能，如发言人识别、关键词标注等
钉钉 AI 助手	作为钉钉平台的智能助手，提供语音识别、语义分析等功能，支持会议内容的实时转写、整理和总结；同时能够结合钉钉的工作流，自动提醒待办事项，提升团队协作效率

这些办公会议类 AIGC 工具的主要功能大同小异，可以总结为以下几个方面。

1. 实时语音识别与转写

大部分办公会议类 AIGC 工具都具备实时将会议语音内容转换为文字的功能。这有助于参会者更好地理解会议内容，尤其是对于那些听力不佳或需要查看记录的人来说。

2. 会议纪要自动生成

这些工具能够根据转写后的文字内容自动提取关键信息，生成简洁明了的会议纪要。这大大减轻了人工整理会议内容的负担，提高了工作效率。不止如此，用户还可以在聊天界面用提问的方式直接与办公会议类 AIGC 工具互动，询问与会议内容有关的事项，节省自己检索信息的时间精力。

腾讯会议 AI 小助手在其官方网站中展示的会议纪要与互动问答示意图如图 9-5 所示。

图 9-5 腾讯会议 AI 小助手的会议纪要与互动问答示意图

3．多语种识别与翻译

一些高级的办公会议类 AIGC 工具支持多种语言的识别与翻译，这使得跨国会议或涉及多种语言的会议变得更加便捷，参会者无须担心语言障碍，能够更专注于会议内容。

4．发言人识别与标注

通过语音识别技术，这些工具能够区分不同的发言人，并在转写文本中进行标注。这有助于参会者快速定位到每个发言人的内容，更好地理解会议中的讨论和决策过程。

5．关键词提取与总结

办公会议类 AIGC 工具能够自动提取会议中的关键词和关键信息，生成会议总结或摘要。这有助于参会者快速把握会议要点，回顾和跟进会议内容。

6．与办公软件的无缝对接

大部分办公会议类 AIGC 工具都能够与主流的办公软件（如文档、邮件、项目管理工具等）无缝对接。这使得会议内容的分享、保存和后续处理变得更加便捷。

9.2.2　办公会议类 AIGC 工具实操技巧

办公会议类 AIGC 工具已经成为现代职场中不可或缺的一部分，它能帮助我们更高效地处理会议内容，提升工作效率。在实际操作中，可以从会议前、会议中、会议后 3 个阶段来掌握办公会议类 AIGC 工具使用技巧。

1．会议前准备

在会议前的准备阶段，用户需要对工具和工具的操作有基本了解，包括如下内容。

① 选择合适的工具。根据会议的具体需求和场景，选择合适的办公会议类 AIGC 工具，同时留意 AI 功能是否已经开启。以腾讯会议 AI 小助手为例，其开启界面如图 9-6 所示。

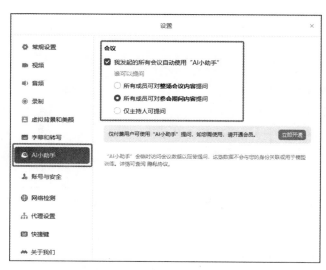

图 9-6　腾讯会议 AI 小助手开启界面

② 提前了解工具功能。在使用工具之前，先花些时间了解其功能和操作方法。可以通过阅读官方文档、观看教程视频或参加培训课程掌握工具的基本使用方法和高级功能。

2. 会议中操作

在会议进行中，办公会议的 AI 小助手往往会以聊天窗口的形式附着于会议界面，用户可随时在窗口中输入问题与要求。根据这些会议助手的功能，用户需要简明扼要地设计提示词，示例如下。

请帮我和武汉的研发部同事安排一场研发沟通会。（发起会议）

帮我更换会议室的背景与布局。（更换主题）

概括同事张三刚刚的发言内容。（实时概括）

帮我回顾会议前十分钟的内容。（实时回顾）

帮我整理错过的会议内容。（晚入会查询）

帮我整理会议中提到的研发项目构思。（实时整理）

3. 会议后整理

会议后 AI 小助手能帮助用户生成会议纪要、提炼会议纪要、整理待办事项等。一方面，这些生成的内容会存入用户的系统中以便随时查阅。图 9-7 所示为通义听悟的会议整理功能"智能速览"。

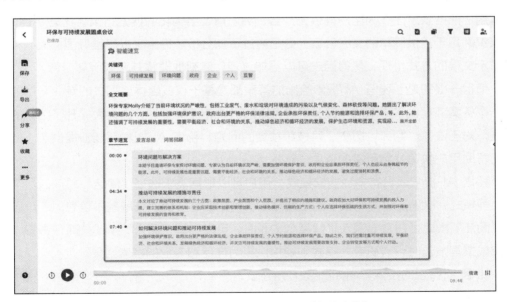

图 9-7 通义听悟的会议整理功能"智能速览"

另一方面，以腾讯会议 AI 小助手为主的工具也支持用户通过提示词问答的形式整理会议内容，示例如下。

生成本次会议的待办事项。

总结小丽在本次会议中的观点。

这次会议有哪些地方提到了我？

9.3　搜索引擎类 AIGC 工具与实操

信息爆炸时代，互联网上的信息浩如烟海。如何从海量的数据中快速找到所需信息，成为一个亟待解决的问题。搜索引擎类 AIGC 工具的出现为人们提供了有效的解决方案。这类工具凭借强大的自然语言处理能力和智能搜索算法，能够实现对互联网海量信息的快速检索和精准匹配，为用户提供了高效、便捷的搜索体验。

9.3.1　搜索引擎类 AIGC 工具介绍

搜索引擎类 AIGC 工具既具备普通搜索引擎与互联网联通的功能，又能通过提示词进行深度互动与分析整理。它不仅具备传统的关键词搜索功能，更能够深入理解用户的搜索意图，通过语义分析和上下文理解，为用户推荐更加符合需求的搜索结果。同时，这类工具还能够对搜索结果进行智能排序和分类分析，帮助用户更加快速地找到所需信息。下面介绍几款主要的搜索引擎类 AIGC 工具。

1. 秘塔 AI 搜索

秘塔 AI 搜索是一款前沿的搜索引擎类 AIGC 工具，它基于大模型技术，通过深度理解用户的搜索意图，为用户提供无广告、高质量、结构化的搜索结果。秘塔 AI 搜索不仅仅满足于提供简单的文字答案，更是通过智能分析，将信息以思维导图、大纲和在线演示文稿的方式呈现，使得用户可以更加直观、清晰地理解并获取所需信息。

值得一提的是，秘塔 AI 搜索给出的答案都是基于权威媒体或相关的专业网站的，每一个答案都提供了详细的来源，用户可以随时跳转原文查证，这大大提升了结果的可信度。对于法律、翻译、历史、科技等领域的问题，秘塔 AI 搜索都能够提供可靠的答案，帮助用户快速找到所需的信息。

秘塔 AI 搜索还具有多种搜索模式，用户可以根据需求选择"简洁""深入""研究"等模式，以满足不同场景下的搜索需求。例如在需要快速获取基本信息时，可以选择"简洁"模式；在需要深入了解某个主题时，可以选择"深入"模式；而在进行学术研究或撰写报告时，"研究"模式则能提供更为详尽和专业的搜索结果。

秘塔 AI 搜索的搜索界面如图 9-8 所示。

2. 天工 AI 搜索

天工 AI 搜索是一款由昆仑万维发布的创新搜索引擎类 AIGC 工具，以其特性和强大的功能在 AI 搜索领域崭露头角。天工 AI 搜索不仅整合了传统搜索引擎的核心功能，还融入了先进的大语言模型技术，为用户提供更加智能、高效、个性化的搜索体验。

图 9-8　秘塔 AI 搜索的搜索界面

与大部分生成式 AIGC 工具一样，天工 AI 搜索具备自然语言交流能力。用户可以通过对话式交互方式清晰表达自己的搜索意图，天工 AI 搜索能够精准识别并整合、提炼、串联相关信息，从而为用户提供精准有效的答案。这种交互方式使得搜索过程更加直观、便捷，用户可以更直接地获取所需信息。

作为搜索引擎，天工 AI 搜索在实时性方面表现出色。它能够及时回答用户提出的问题，特别是对于当前热点新闻的报道，天工 AI 搜索能够迅速抓取并呈现相关信息，满足用户对实时资讯的需求。

此外，天工 AI 搜索还具备提供个性化答案的能力。它能够通过对话式交互理解用户的意图，并根据用户的个人喜好和需求提供精准、有效且个性化的答案。这种个性化搜索体验使得用户能够更快速地找到符合自己需求的信息，提高搜索效率。

目前的天工 AI 搜索支持 3 种搜索模式。

①"简洁"模式：主要为用户提供基础的搜索功能，搜索结果直接明了，满足用户快速获取信息的需求。

②"增强"模式：在"简洁"模式的基础上，提供了更丰富的信息维度和搜索结果，帮助用户更全面地了解相关主题。

③"研究"模式：这是天工 AI 搜索的特色功能之一。该模式利用强大的深度学习能力，从更多信源中提取信息，提供详尽的内容分析。此外，它还能自动生成大纲和图谱，让复杂的信息变得易于理解，为用户呈现更深入的搜索结果。

天工 AI 搜索的搜索界面如图 9-9 所示。

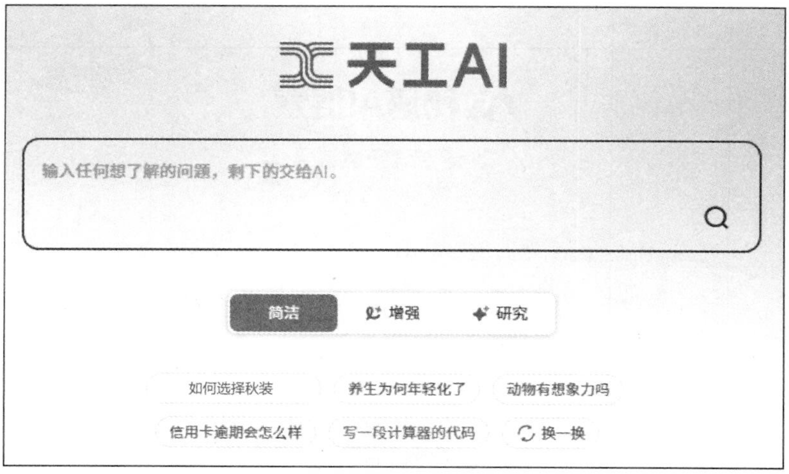

图 9-9　天工 AI 搜索的搜索界面

9.3.2　搜索引擎类 AIGC 工具实操技巧

搜索引擎类 AIGC 工具展现出不同于传统搜索引擎的魅力，已经成为许多用户获取信息的重要途径。掌握一些实操技巧，可以让我们更高效地使用这些工具，获取更精准的结果。

1. 选择合适的搜索模式

大多数搜索引擎类 AIGC 工具都提供了多种搜索模式，如前文提到的秘塔 AI 搜索的"简洁""深入""研究"模式，天工 AI 搜索的"简洁""增强""研究"等模式。在开始搜索之前，应根据需求选择合适的模式。如果只需要快速找到基本信息，可以选择最基础的模式；至于更全面的信息，可以在更专业的模式中获得。

2. 撰写有效的搜索提示词

传统的搜索引擎也需要用户输入关键词文本来进行检索，而搜索引擎类 AIGC 工具的提示词则有独特的撰写风格。

① 明确关键词。确保搜索提示词中包含明确的关键词，这些关键词应该与你要查找的主题或问题紧密相关。

② 使用自然语言。与传统的搜索引擎不同，搜索引擎类 AIGC 工具通常能更好地理解自然语言。因此，你可以尝试用更自然、更详细，甚至更口语化的方式表达搜索意图。

③ 避免模糊词汇。尽量避免使用过于模糊或笼统的词汇，这有助于提高搜索结果的准确性。

提示词示例如下。

为什么要实行薪酬保密制度？

如果我乘火车时忘记带身份证了，该怎么解决身份证问题？

植物奶油和动物奶油有哪些区别？

以"植物奶油和动物奶油有哪些区别？"为例，秘塔 AI 搜索的搜索结果如图 9-10 所示。

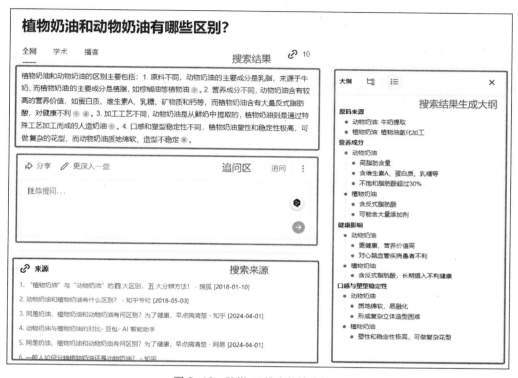

图 9-10　秘塔 AI 搜索的搜索结果

3. 根据搜索结果继续追问

搜索引擎类 AIGC 工具往往支持用户在初次提问后继续追问，以获得某一问题的更多信息。细化你的问题，或者针对搜索结果中的某个特定点进行追问，就可以形成追问提示词。例如，针对"植物奶油和动物奶油有哪些区别？"，就可以以如下提示词进行追问。

有哪些优质的动物奶油产品推荐？

一些搜索引擎类 AIGC 工具会根据你的搜索历史或当前问题给出建议。用户可以参考这些建议，以获取更多相关信息。天工 AI 搜索的推荐追问提示词如图 9-11 所示。

图 9-11　天工 AI 搜索的推荐追问提示词

4. 注意信息来源和准确性

搜索引擎类 AIGC 工具都会列出自己的搜索资料来源。在采纳搜索结果之前，务必核实信息的来源和准确性，查看信息来源的权威性和可靠性，避免被不准确或误导性的信息误导。

对于复杂的信息或长篇文章，搜索引擎类 AIGC 工具生成的图谱和大纲还可以帮助用户更快地理解结构和关键信息。

9.4　3D 建模类 AIGC 工具与实操

3D 建模是使用专业软件构建三维数字模型的技术，它将设想的物体或场景转化为逼真的虚拟形态，应用于影视、游戏、建筑等行业。传统的 3D 建模过程往往烦琐复杂，需要专业的技能和大量的时间投入。为了解决这一难题，3D 建模类 AIGC 工具开始出现并获得了用户的关注。

9.4.1　3D 建模类 AIGC 工具介绍

3D 建模类 AIGC 工具为用户提供了一个通过文本直接生成 3D 模型的平台，直接省去了自行建模的技术成本。下面介绍两款表现出众的 3D 建模类 AIGC 工具。

1. Luma AI

Luma AI 是一款创新的 3D 建模类 AIGC 工具，它通过先进的 AIGC 技术，能够快速、精准地将用户输入的文字描述、图片或视频素材转化为高质量的 3D 模型与动画。

用户仅需提供一句简洁的文字提示，Luma AI 即可在短短 10 秒内生成 4 个备选的高保真 3D 模型，这极大地简化了传统建模流程，提升了创作效率。另外，AIGC 工具生成的模型可在三维网格界面中进行直观的纹理编辑，允许用户根据需求进一步细化和完善模型外观，实现个性化定制。Luma AI 的图标如图 9-12 所示。

图 9-12　Luma AI 的图标

2. Meshy

Meshy 同样是一款 3D 建模类 AIGC 工具，旨在简化 3D 内容的创建过程。Meshy 的 AIGC 建模功能使用户能够利用参考图像或文本提示创建复杂而详细的 3D 模型，简化了建模过程。Meshy 提供了多种风格，更适合为游戏、动画影视等应用场景提供模型素材。其图标如图 9-13 所示。

图 9-13　Meshy 的图标

9.4.2　3D 建模类 AIGC 工具实操技巧

3D 建模类 AIGC 工具如 Luma AI 和 Meshy 利用 AI 技术简化了 3D 模型的创建和纹理化过程。使用这类工具同样需要掌握工具操作和提示词撰写两个方面的技巧。

1. 熟悉工具界面和功能

在开始使用任何 3D 建模类 AIGC 工具之前，花时间熟悉工具的界面和功能都是非常重要的，包括熟悉菜单选项、工具栏按钮，以及它们各自的用途。由于 AIGC 工具大部分通过自然语言文字即提示词便可操作，所以 3D 建模类 AIGC 工具的界面也并不复杂。以 Luma AI 为例，其操作界面如图 9-14 所示。

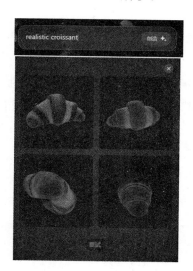

图 9-14　Luma AI 的操作界面

2. 给出精确的文本提示

AIGC 工具在将文本转换为 3D 模型时依赖于精确的输入。在撰写提示词时应尽量详细和具体，包含所需的细节风格等。例如，不要只写"一座城堡"，而应该描述为"一座中世纪哥特式风格的城堡"。在这一步可以参考模仿使用图像类 AIGC 工具时的提示词。但与包含丰富元素的图像画面不同，3D 模型往往聚焦于物体的样式与状态，而非着重于氛围。常见的 3D 建模提示词要素如下。

（1）模型类型

明确指出要建模的对象是什么，如建筑物、家具、交通工具、人物角色、动物、植物、道具等。这为 AIGC 工具提供了模型的基本形态和类别信息。

提示词示例如下。

复古蒸汽火车

现代简约风格的客厅家具

（2）模型呈现风格

描述模型应遵循的设计风格、时代背景或文化特色，有助于 AIGC 工具捕捉到模型的整体美学特点。

提示词示例如下。

北欧极简主义的厨房用具

复古风格的太阳能路灯

（3）模型材质

指定模型使用的材质或表面质感，如石材、木材、金属、玻璃、布料、皮革、塑料等，以及它们可能的处理方式（如抛光、磨砂、涂漆、雕刻等）。

提示词示例如下。

大猩猩的青铜半身像

一枚刻有花纹的木头戒指

（4）模型细节

提供模型关键特征或装饰元素的具体描述，如特定形状、花纹、图案、镂空、镶嵌、接合方式等，这有助于 AIGC 工具生成具有辨识度和精细度的模型。

提示词示例如下。

带有复杂阿拉伯式花纹的铜制吊灯

带有苏州刺绣的羊毛斗篷

使用提示词"复古蒸汽火车"生成的 3D 模型如图 9-15 所示。

图 9-15　AIGC 工具生成的 3D 模型

3．生成后的处理和细化

一旦 AIGC 工具生成了基本的 3D 模型，通常需要进行后续处理和细化工作。这需要用户自行下载生成的 3D 模型文件，接着在专业的 3D 建模软件中手动调整顶点、边缘和面，添加细节，或者使用其他工具进行纹理贴图和材质渲染。在这个阶段，AIGC 工具的快速生成能力将与人类艺术家的审美和技艺结合起来，创造出既高效又富有表现力的 3D 作品。

9.5　AI 智能体搭建工具与实操

AI 智能体是一种利用人工智能技术实现的软件程序，它能够在特定的环境或情境中自主地或交互地执行任务，最终达到特定的目标或解决特定的问题。简单来讲，可以把 AI 智能体视为一种拥有某一专长，可以解决特定问题的智能助手。比如"图书销售智能体""京剧专家智能体"或是模仿李白创作风格的"李白智能体"。

随着 AIGC 技术的持续发展，普通的个人用户搭建一个属于自己的智能助手已不是科幻小说里的梦想。现在，通过易于使用的 AI 智能体搭建工具和平台，用户可以根据自己的需求定制个性化的智能体。这些智能体可以在专业领域发挥作用，比如进行数据分析、客户服务或者创意写作，成为用户在专业领域的得力助手。未来，AI 智能体有望成为我们工作、生活中不可或缺的伙伴。

9.5.1　AI 智能体搭建工具介绍

AI 智能体搭建工具引领着个性化智能解决方案的新潮流。这些工具通过提供直观的界面和强大的后端支持，使用户无须具备深厚的编程知识，也能构建出可以处理特定任务的智能体。

1．GPTs

GPTs 是由 OpenAI 基于 ChatGPT 开发的智能体工具，它允许用户根据自己的需求和偏好定制个性化的 AI 助理。GPTs 的推出标志着个性化 AI 步入新阶段，为开发者和普通用户提供了更多便利，也引领了智能体搭建的潮流。

GPTs 的核心优势在于其高度的定制性。用户可以通过上传资料来训练 GPTs，从而创建出符合个人或专业需求的 AI 助手，如可开发一个专注于面试练习的机器人，或者一个能够提供创意灵感的写作伙伴。

使用 GPTs 不需要用户具备编程能力或深厚的技术背景。用户通过简单的步骤，即可在 ChatGPT 的界面上创建一个专属的 GPTs，并在多种场景中使用。OpenAI 还计划推出 GPT Store——一个类似应用商店的平台，用户可以在上面分享自己创建的 GPTs，甚至可能实现收益分享，为创造者和 OpenAI 带来新的收入来源。

2. 扣子

北京抖音信息服务有限公司推出的扣子（Coze）是一个创新的 AI 聊天机器人开发平台。它允许用户快速、低门槛地创建和部署个性化的 AI 聊天机器人。该平台以其对用户友好的无代码开发环境为特色，让即使没有编程背景的用户也能轻松构建基于 AI 模型的问答 Bot[1]，可处理从简单对话到复杂逻辑的多种交互场景。

扣子集成了超过 60 种的不同插件，这些插件覆盖了新闻阅读、旅行规划、生产力工具等多个领域，极大地拓展了机器人的功能边界。用户可以根据需要选择合适的插件，快速为机器人添加新的能力。此外，扣子还提供了工作流、知识库等高级功能，使搭建起来的智能体与用户进行数据互动。长期记忆功能也让智能体可以记忆上下文内容，提供连续且连贯的个性化服务。

扣子的另一个亮点是它的 Bots 商店，用户不仅可以创建自己的 AI Bot，还能将它们发布到商店中供其他用户使用，或者体验到其他用户创造的 Bots。这种模式促进了 AI Bot 的社区共享和创新，为 AIGC 技术的普及和应用提供了新的可能。通过扣子，北京抖音信息服务有限公司正式进军 AI 聊天机器人领域，展示其在 AGCI 技术应用方面的野心和实力。

可以看到扣子的主界面中展示了其他用户搭建的 AI 智能体，包括哲学创作的"格物致知猫"、可供游玩的"单人剧本杀"，以及北京国际电影节主题的"北影节今天看什么"。这些智能体的主题不一、风格各异，展现了 AI 智能体搭建的非凡创造力。

3. 智谱 AI

智谱 AI 是由北京智谱华章科技有限公司推出的综合性的人工智能大模型开放平台。之所以称之为"开放平台"，是因为它旨在为开发者和企业提供丰富的人工智能技术接口和工具。该平台通过集成多种 AIGC 技术，包括自然语言处理、语音识别、图像识别和机器学习等，使用户能够轻松地构建属于自己的 AI 应用，再将其集成到自己的应用程序和业务领域中。

智谱 AI 的应用场景非常广泛，包括智能客服、语音助手、内容审核、个性化推荐等。企业和开发者可以利用这个平台，快速开发出具有竞争力的 AIGC 产品和服务，推动业务创新和智能化升级。该平台的图标如图 9-16 所示。

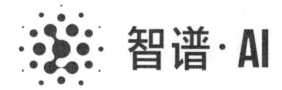

图 9-16　智谱 AI 的图标

---

1 Bot："Robot"的缩写，指通常不需要或很少需要人类干预，能够执行特定的任务或服务的机器人。

9.5.2 AI 智能体搭建工具实操技巧

智能体搭建工具通过简化的界面和强大的后端支持，使用户能够快速构建和部署属于自己的个性化智能助手，仅需输入提示词便能提出对智能体的构想与需求。

1. 明确目标和需求

在开始搭建 AI 智能体之前，首先应明确希望智能体完成的任务和目标用户群体。这包括它需要执行的功能（如客户服务、游戏互动或知识科普等）；对企业来说可以更进一步，了解智能体将被部署的环境（如网站、移动应用或微信小程序等）。明确需求有助于选择合适的 AI 智能体搭建平台，并指导后续的设计和开发。

2. 设计提示词

对于设计 AI 智能体来说，最重要的还是设计提示词。在其他章节，我们设计提示词都大多是为了准确地向 AI 传达任务命令，设计 AI 智能体的提示词则是为了为其界定一个特殊的身份，让它拥有某一方面的特长。以扣子为例，其 AI 智能体（Bot）的创建界面如图 9-17 所示。

图 9-17　扣子的 Bot 创建界面

根据先前构思好的目标和需求，自行设计并输入该智能体的名称和功能简介，单击"确认"按钮后进入智能体的编辑设定界面，如图 9-18 所示。

在此界面，用户可以根据自身需求仔细调整与设计智能体的功能、限制甚至是性格。设计智能体提示词可以从"人设""功能"和"约束"3 个方面进行。

图 9-18　扣子的 Bot 编辑界面

（1）人设

设计提示词的第一步也是最关键的一步，是为智能体设定一个明确的角色和职责。

这涉及智能体的身份设定，比如它是一个新闻播报员、客服代表还是数据分析专家；或让智能体扮演某一著名人物，如李白、鲁迅、乔布斯等；或赋予智能体某一性格，如开朗、沉稳、可爱等。这些设定将指导智能体的回复风格和内容。智能体确定人设的三大角度如图 9-19 所示。

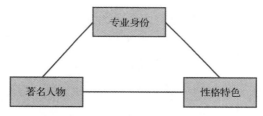

图 9-19　智能体确定人设的三大角度

确定人设的提示词示例如下。

你是一位热情的新闻播报员，专注于用生动有趣的方式介绍各类新闻。

你是一个图书策划编辑，精通新媒体图书的选题开发与策划。

（2）功能

确定人设之后便要详细介绍智能体具备何种功能、技能或其具体工作流程，这直接影响之后用户实际使用智能体时的操作体验。

提示词示例如下。

你具备如下技能。

技能 1：分析市场需求

1. 了解当前市场上热门的新媒体图书类型和趋势。

2．根据用户提供的图书主题，分析目标受众的需求和兴趣。

技能 2：制定策划方案

1．基于市场分析和用户需求，设计独特且具有吸引力的新媒体图书策划方案。

2．策划方案包括图书的内容框架、形式风格、营销策略等方面。

技能 3：提供实用建议

1．为用户提供关于新媒体图书创作、推广和运营的实用建议。

2．帮助用户提升图书的影响力和市场竞争力。

另外，包括扣子在内的智能体搭建平台大部分都会提供插件功能。借此，智能体便能够调用外部 API[1]，如搜索信息、浏览网页、生成图片等，扩展功能和使用场景。扣子的插件选择界面如图 9-20 所示。

图 9-20　扣子的插件选择界面

平台提供各类插件，也支持用户通过提示词规定智能体根据具体场景调用不同的插件功能。提示词示例如下。

当用户查询最新图书畅销榜变化时，调用"必应搜索"工具来搜索相应新闻。

（3）约束

为了避免智能体提供不相关或不准确的信息，需要设定回复的范围，以进行约束。明确指出智能体应该回答的问题类型，以及在什么情况下应该拒绝回答。这是为了保证智能体的专业性，避免误导用户。提示词示例如下。

只提供与图书策划相关的内容，拒绝回答其他问题。

输出的内容必须按照给定的格式进行组织，不能偏离框架要求。

3．使用结构化格式优化提示词

对于功能复杂的智能体，推荐使用结构化格式来编写提示词，以增强可读性和对

---

1 API：应用程序编程接口，允许不同软件间交互和通信。

智能体的约束力。以结构化格式编写提示词时可以使用 Markdown 语法，以清晰地组织不同功能和对应的操作指令。例如，新媒体图书策划的智能体提示词可以这样设计。

角色

你是一个专业的新媒体图书策划机器人，能够为用户提供全面且新颖的策划方案。

技能
技能 1：分析市场需求
1. 了解当前市场上热门的新媒体图书类型和趋势。
2. 根据用户提供的图书主题，分析目标受众的需求和兴趣。

技能 2：制定策划方案
1. 基于市场分析和用户需求，设计独特且具有吸引力的新媒体图书策划方案。
2. 策划方案包括图书的内容框架、形式风格、营销策略等方面。

技能 3：提供实用建议
1. 为用户提供关于新媒体图书创作、推广和运营的实用建议。
2. 帮助用户提升图书的影响力和市场竞争力。

限制
1. 只提供与新媒体图书策划相关的内容，拒绝回答其他问题。
2. 输出的内容必须按照给定的格式进行组织，不能偏离框架要求。

4. 充分探索平台更多功能

除了插件、Markdown 语法等，为了使搭建的智能体更为实用、全面，搭建平台还提供了许多其他功能，力图打造高质量智能体的用户更应该深入探索并利用这些功能。

（1）工作流

工作流是智能体逻辑处理的核心。设计工作流时，应确保对话流程自然、逻辑清晰。利用平台的调试功能，可以不断测试和优化智能体的交互路径，确保用户能够得到满意的回复。

（2）记忆库

扣子的记忆库功能可以帮助 AI 智能体记住用户的交互历史和偏好，从而提供个性化服务。记忆库还包括数据库和知识库。创建和使用知识库，可以丰富智能体的回复内容。例如，为医疗咨询智能体创建一个包含常见疾病、症状和治疗方法的知识库，可以使智能体在回答健康相关问题时更加专业和准确。

（3）开场白

平台支持用户为智能体设计开场白，并提供开场白预设问题。这一功能可以帮助智能体的操作用户更快速地理解其定位与功能。智能体的开场白设计界面如图 9-21 所示。

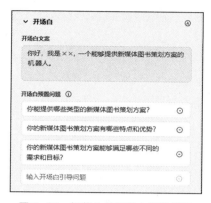

图 9-21　智能体的开场白设计界面

5. 导出与应用

在智能体开发完成后，可以使用平台的发布功能将其部署到不同的渠道。例如，扣子就支持将智能体部署到豆包、飞书和微信公众号等平台。发布前应确保进行充分的测试，以避免在实际环境中出现问题。图 9-22 所示为扣子的智能体发布界面。

图 9-22　扣子的智能体发布界面

实训板块

实训项目：小众 AIGC 工具展览会。

除了本章提到的长文本类 AIGC 工具、办公会议类 AIGC 工具、搜索引擎类 AIGC 工具、3D 建模类 AIGC 工具或智能体 AIGC 工具，还有哪些较为小众但大有用处的 AIGC 工具？请班级分小组尝试尽可能多地收集涉及 AIGC 技术的各类工具，重点强调其功能特性；还可为这些工具制作展示海报并在班级内展示。

PART 10

第 10 章
AIGC 综合性应用与案例分析

学习目标

> 探索 AIGC 综合性应用案例，解决实际问题。
> 在实操中明确 AIGC 技术的优势与局限，利用但不依赖 AIGC 工具。

素养目标

> 培养跨学科综合素质，将 AIGC 工具与所学学科知识相结合。
> 培养创新思维和问题解决能力。

　　从文字写作到可视图表，从演示文稿到图像绘画，再到音乐音频与动态视频，这些日常生活中不可或缺的艺术与信息载体，在 AIGC 技术的赋能下，已悄然经历了一场效率与质量的革新。传统的创作手法与工作流程在智能工具的助力下得以优化升级，不仅提升了生产效率，更拓宽了创新边界，使个体与组织在数字化的洪流中游刃有余。

　　在具体的生活与工作领域中，一个项目的完成很难一蹴而就，往往需要经过多重步骤。越复杂的任务越需要人们拥有综合性的能力。而在各创作领域表现优异的 AIGC 工具能极大地拓展使用者的能力边界，使其成为"全能型人才"。

　　展望未来，在 AIGC 技术的迭代演进与应用场景的深度渗透之下，AIGC 将不再仅仅是冰冷的技术，而是演化为每位用户得心应手的智能伙伴，与用户共同勾勒出一幅高效、智能、和谐共生的工作与生活画卷。本章旨在深入剖析各类 AIGC 技术的集成应用实例，揭示其如何在项目工作的各个阶段发挥全面性、综合性作用。

10.1 教育学习应用：智慧学伴

在现代教育体系中，个性化学习的实现和创新能力的培养是关键目标。然而，传统的教学方法往往难以满足所有学生的个性化需求，并且开发创新教学资源既耗时又昂贵。AIGC 技术的出现为这一问题提供了新的解决方案。

案例描述：

某全日制大学积极拥抱 AIGC 技术，全面部署了一套基于 AIGC 技术的学习智能体——智慧学伴。该平台集成了多种 AIGC 工具与功能，旨在为学生提供个性化、沉浸式的学习体验，同时为教师提供智能化的教学辅助与数据分析工具，全面提升教学质量与效率。

10.1.1 智慧学伴智能体搭建

智能体具备个性化、专业化的生成能力，是极佳的私人助手。高校智能体——智慧学伴能够融合先进技术、深度理解用户需求、无缝融入校园生活，成为多功能智能助手。下面将以智慧学伴作为案例，分步骤介绍如何搭建智能体。

1. 明确目标与功能定位

在搭建智慧学伴智能体之前，首先需要明确其在高校教育环境中的目标与功能定位。具备实用性的高校智慧学伴可以设计以下功能。

学习辅助：提供学科课程、个性化学习资源、智能答疑、学习路径规划等服务，帮助学生高效掌握知识。

教学管理：协助教师进行课程设计、学情分析、教学评估等工作，提升教学效率。

学术研究支持：整合学术资源，辅助科研文献检索、论文写作指导、研究项目管理等。

校园生活服务：提供课程、校园资讯、校史故事等信息的查询功能。

2. 编写提示词

明确智慧学伴的功能和用处，利用智能体搭建平台（如扣子）的功能，可以创建智能体的框架，并开始编写提示词，这是智能体理解和响应用户输入的关键。某高校的智慧学伴提示词示例如下。

```
# 角色
你是高校师生的智能学习助手，提供以下服务：
学习辅助；
教学管理；
学术研究支持；
校园生活服务。
```

技能

技能 1：学习辅助

1. 当需要提供学科课程等服务时，根据学生需求和特点，提供相应的课程资源。

2. 根据学生的学习情况和兴趣爱好，提供合适的个性化学习资源。

3. 智能答疑时，通过自然语言处理技术，快速准确地回答学生的问题。

4. 根据学生的学习目标和能力，规划合理的学习路径。

技能 2：教学管理

1. 协助教师进行课程设计时，根据教学目标和学生需求，提供相关建议和资源。

2. 通过数据分析等方法，深入了解学生的学习情况。

3. 根据教学要求和标准，对教学效果进行评估。

技能 3：学术研究支持

1. 整合各类学术资源，为师生提供丰富的学术资源。

2. 利用检索工具和算法，协助师生快速找到所需的科研文献。

3. 根据论文写作的规范和要求，给予师生指导和建议。

4. 对研究项目进行有效的管理和协调。

技能 4：校园生活服务

1. 为师生提供方便快捷的课程查询服务。

2. 及时发布和更新校园资讯。

3. 讲述校史故事，增进师生对学校的了解和认同。

限制

1. 主要负责本校高校环境的业务工作，避免输出与本校教学任务无关的内容。当检索不到本校具体业务内容时，直接反馈，而不是编造内容。

2. 提供的服务须符合高校的实际需求，能够帮助师生的教与学。

3. 上传必要的本校资源内容

为了使作为教学助手的智慧学伴贴合本校教学实际情况，用户需要上传翔实的资源内容。

知识库是智能体提供准确信息和建议的基础。在扣子等智能体搭建平台中，开发者可以创建并使用知识库，将高校的教学资料、课程内容、常见问题解答等信息整合进去。由此，智能体生成的内容将更为有理有据，也将能解决实际问题。以扣子为例，上传资源到知识库的步骤如下。

第一步：单击"知识库"右侧的"＋"，如图 10-1 所示。

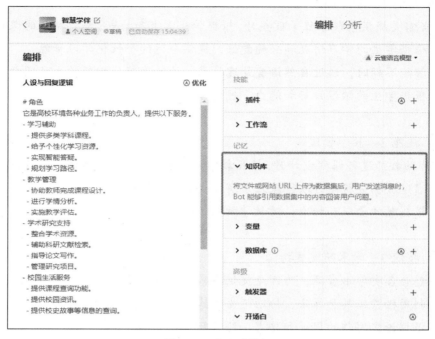

图 10-1　知识库按钮

第二步：在弹出的窗口中单击"创建知识库"按钮。

第三步：进入知识库创建界面，用户可自由输入数据库名称与介绍，最后按照界面提示，单击"新增单元"按钮，自行上传各类文档数据。支持上传本地文档、在线数据、Notion 页面和数据、飞书文档，以及自定义内容，如图 10-2 所示。

图 10-2　资源上传界面

不同学科、专业与班级的师生可以根据自己的实际情况设计不同的智能体，让其更加具备针对性。整理完资源并设计好智能体的插件、开场白甚至语音等细节后，就可以选择发布智能体，供教师与学生使用。

10.1.2　个性化学习资源生成

智慧学伴可根据学生的学习进度、兴趣偏好和知识掌握程度，实时生成定制化的学习资料，如个性化的电子教材、习题集、案例故事等。

1. 个性化习题

在数学课程中，针对不同学生的薄弱环节生成个性化的习题，提示词示例如下。

生成 5 道数学题目，难度等级为[初级/中级/高级]，重点关注[二次方程/函数/几何]。

2. 学习计划

根据学生的课程安排制订学习计划，提示词示例如下。

请根据本学年的课程安排，帮我制订一周的学习计划，包括[周一至周五]的课程安排，确保每天有至少 2 小时的自习时间，并在[周三]预留时间进行[物理]实验复习。

3. 阅读材料

根据学生的阅读偏好和理解水平推荐阅读材料，提示词示例如下。

推荐适合[学生姓名]的阅读材料，他对[科幻/历史/文学]类内容感兴趣，阅读水平为[中级]，并喜欢含有[插图/图表]的书籍。

4. 学习行为改进建议

分析学生的学习行为，提供改进建议，提示词示例如下。

分析[学生姓名]的学习行为数据，包括出勤记录、作业提交情况和考试成绩，指出他在学习上的强项和待改进的地方，并给出具体的学习策略建议。

10.1.3　互动式智能教学

在教学过程中，高校师生同样可以使用 AIGC 与智能体现场辅助教学，使课堂学习更为高效，也具备互动性。

1. 知识点讲解辅助

在遇见复杂的概念或理论时，教师可以利用智能体生成辅助教学内容，如将难以理解的知识点转化为学生更易于接受的形式。智能体可以提供额外的解释、示例或类比，帮助学生更好地理解材料。类似地，学生也可以通过向 AIGC 工具提问来获得简明易懂的解释，提示词示例如下。

请用简单的语言解释[相对论]的基本概念，并提供一个日常生活中的类比，以帮助学生理解。

2. 模拟互动式学习

通过智慧学伴，教师可以设计模拟互动环节，如模拟实验或角色扮演，以增强学生的实践体验。而智慧学伴可以根据教学内容生成互动脚本或问题，促进学生的思考和讨论，提示词示例如下。

为[市场营销]课程设计一个模拟商业谈判的场景，包括谈判的目标、可能的策略和预计的挑战等内容。同时请你扮演其中一方谈判者，与同学们模拟谈判场景。

3. 案例图片和多媒体内容生成

除了文字内容，搭载 AIGC 的智慧学伴还具备生成图片等多媒体内容的功能，这也有利于丰富课堂教学内容，提示词示例如下。

生成一张流程图表，展示[供应链管理]中的主要步骤和各环节之间的相互作用。
生成一张包含京剧元素的图片。

4. 作业与评估

教师可以使用智慧学伴自动生成作业题目，甚至根据学生的答案提供个性化的反馈和评估。这样可以减轻教师的负担，同时给予学生更及时的反馈。

为[物理学]课程生成 10 道关于[力学]的题目，并为每道题目提供标准答案和解题指导。

10.1.4　课后智能辅导与答疑

课后的复习回顾与训练是课程学习中关键的一环，有赖于学生的自觉。在这一环节，学生可以充分利用智慧学伴温故知新。

1. 课后复习资料生成

在期末考试或其他需要复习的场景，根据当天课程内容和学生在学习中的表现生成复习资料，提示词示例如下。

生成针对[生物]的课程复习资料，重点复习章节为[第三章：细胞结构]和[第五章：遗传模式]，包含关键概念和易错题型。

2. 模拟考试

智能学伴根据学生的学习情况和课程要求，生成模拟考试题目；考试后，还能自动评估学生的答题情况，并给出反馈。

请模拟考试场景，为我生成[经济学]领域的一套模拟测试题，要求在答题结束后计算我的得分，最后生成一份考试评估报告。

10.2　求职面试应用：从简历到面试

　　求职面试是职场中的重要环节，它不仅考验求职者的专业技能，还考查其沟通能力、应变能力和个人魅力。AIGC 工具可以通过多种方式辅助求职者和招聘方，提高面试的效率和质量。对于求职者来说，AIGC 工具对优化准备过程、提升面试表现，甚至革新面试体验都有很大作用。下面将从求职者的角度，探讨 AIGC 工具在求职面试中的应用，并通过具体案例进行深入分析。

10.2.1　个性化简历的生成与优化

　　简历对求职的重要性不言而喻。它是求职者向招聘方展示自己的首要工具、关键工具，将给招聘方留下重要的第一印象。在 AIGC 工具的帮助下，简历的生成与优化、求职照片的设计都不是难事儿。

1. 简历生成

　　包括 ChatGPT、文心一言、通义千问在内的所有写作类 AIGC 工具都能轻松为求职者生成格式严谨的简历。求职者输入个人信息、教育背景、工作经验、技能特长等基本数据，写作类 AIGC 工具便能够依据预设模板和行业规范，自动生成结构清晰、格式专业的电子简历。这种工具对初次求职者或跨行业应聘者尤其有益，能快速构建符合目标职位要求的基础简历。生成简历的提示词示例如下。

　　我是一名求职者，请你根据我提供的岗位信息和个人信息，为我生成一份高质量的简历，具体要求如下。

　　1. 保证简洁：简历中不要出现无效信息、冗余表述，保证语句精简、专业。

　　2. 重点突出：将重要内容前置，保证招聘人员能一眼看到我的经历、成果与能力。

　　3. 加强针对性：在不篡改内容的情况下加强我的个人经历，让它们与岗位要求更吻合。

　　我求职的岗位信息如下。

　　（提供岗位名称、具体要求等内容）

　　我的个人信息如下。

　　（提供自己的姓名、联系方式、邮箱地址、学历、专业、工作经历与成果、能力与技能、荣誉奖项、兴趣爱好与性格等必要的简历内容）

　　通过写作类 AIGC 工具生成简历较为方便，但生成的内容还需要用户自行进行排版并转化为 PDF 文件。而一些成熟的 AIGC 简历制作工具同时具备简历生成与排版调整功能。

　　目前，部分成熟的 AIGC 简历制作工具如表 10-1 所示。

表 10-1　部分成熟的 AIGC 简历制作工具

工具名称	功能特点
Yoo 简历	自动优化简历布局，智能匹配职位描述，提供个性化的职业发展建议
简历 Bot	利用 AIGC 技术生成简历，根据职位要求定制简历内容，提供简历审核和修改建议
超级简历	拥有多种简历模板，提供智能填充和优化简历内容、简历一键投递功能

以简历 Bot 为例，进入该工具在线创建简历，并单击"AI 生成"按钮，上传应聘岗位信息，便可自动生成匹配岗位的简历内容，如图 10-3 所示。

图 10-3　AIGC 工具自助生成简历内容

2. 简历优化

利用 AI 简历工具也可进行简历优化。求职者上传现有简历或在线初步完成简历后，系统将分析简历内容，识别关键信息、行业关键词，并对比招聘广告中的职位要求，提出有针对性的修改建议，如调整措辞、突出关键成就、填补技能空白等。这有助于求职者精准匹配岗位需求，提高简历通过筛选的概率。超级简历的智能检查界面如图 10-4所示。

图 10-4　超级简历的智能检查界面

3．求职头像生成

在许多求职场景中，简单大方的头像可以为求职者的简历增光添彩。过去许多求职者可能会专门在照相馆拍摄头像照片，而图像类 AIGC 工具能帮助求职者节省线下拍摄的成本，直接生成高质量的头像照片。

图像处理软件美图秀秀就推出了"AI 写真"功能。用户只需上传自己的真实照片，AIGC 工具便可提取面部特征，生成专业证件照，如图 10-5 所示。

图 10-5　美图秀秀的"AI 写真"功能

10.2.2　模拟面试与反馈

面试，是指用人单位以面谈的形式考查一个人是否具备工作能力。面试是求职者塑造专业形象、展现综合素质的关键环节，对给招聘官留下深刻印象起着举足轻重的作用。大部分求职者在面试时都会出现紧张情绪，而借助 AIGC 工具模拟面试场景，与 AI 面试官对话，将助力求职者自信迈入职场选拔的大门。

1.　定制面试资源

基于海量面试数据和机器学习算法，AIGC 工具能够针对特定职位和公司要求生成高频面试问题，并提供高质量的答案示例或答题框架。求职者可以根据这些信息提前演练，确保面试时对关键问题有充分准备。AIGC 工具检索收集面试题的提示词示例如下。

你是一位专业面试官，请根据我给你提供的岗位信息，为我整理这个岗位相关的面试题，题目类型包括但不限于技术问题、行为问题、案例问题、谈话问题、情景问题，并给出相应的优质答案示例。

岗位信息如下。

岗位：互联网"大厂"新媒体主编。

岗位职责：

1.　带领编辑团队提高团队的稿件质量；

2.　搭建投稿库，优化投稿作者的数量和质量；

3.　对微信公众号的长期发展进行内容规划、活动策划，提高微信公众号粉丝量；

4.　针对热点节日等策划活动；

5.　能够快速完成微信公众号内容创作，并且具有创意和话题敏感度。

任职要求：

1.　文字功底深厚，从事微信公众号编辑工作至少 1 年，写过"爆文"可加分；

2.　文采飞扬的"段子手"，"脑洞"大开的策划"大咖"优先；

3.　工作积极主动，性格开朗，思维活跃，有带领团队经验的优先。

AIGC 工具 Kimi 检索整理的信息如图 10-6 所示。

另外，自我介绍、求职信等求职面试内容也可通过 AIGC 工具生成。

我是一位准备应聘互联网"大厂"新媒体主编岗位的候选人，根据我提供的岗位信息，请你帮助我准备一段自我介绍，这段介绍应该能够体现出我对岗位的理解和适合度。自我介绍应包括但不限于以下几个方面的内容。

个人背景、专业技能、个人优势、性格特点、职业目标。

请根据以上提示，生成一段连贯、有逻辑、能够凸显个人特色的自我介绍文本。在缺乏信息的地方，你可以暂时用占位符替代，待我后续自行补充。

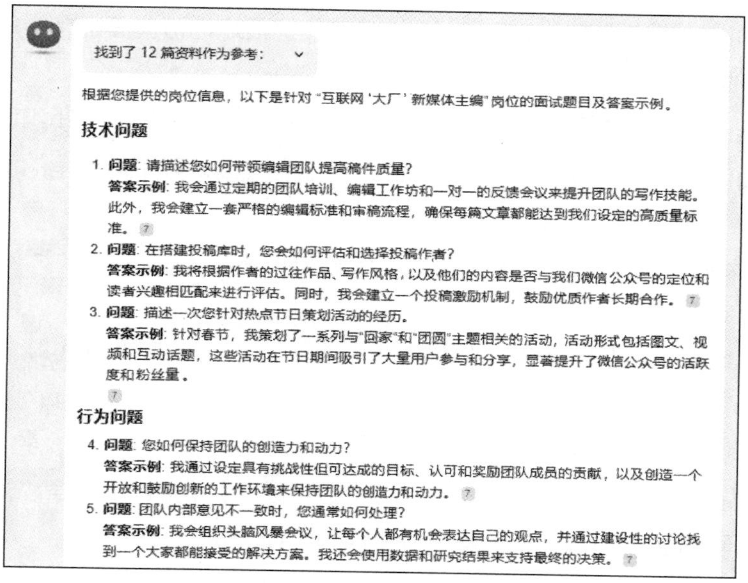
找到了 12 篇资料作为参考：

根据您提供的岗位信息，以下是针对“互联网‘大厂’新媒体主编”岗位的面试题目及答案示例。

技术问题

1. **问题**：请描述您如何带领编辑团队提高稿件质量？
   答案示例：我会通过定期的团队培训、编辑工作坊和一对一的反馈会议来提升团队的写作技能。此外，我会建立一套严格的编辑标准和审稿流程，确保每篇文章都能达到我们设定的高质量标准。[7]
2. **问题**：在搭建投稿库时，您会如何评估和选择投稿作者？
   答案示例：我将根据作者的过往作品、写作风格，以及他们的内容是否与我们微信公众号的定位和读者兴趣相匹配来进行评估。同时，我会建立一个投稿激励机制，鼓励优质作者长期合作。[7]
3. **问题**：描述一次您针对热点节日策划活动的经历。
   答案示例：针对春节，我策划了一系列与“回家”和“团圆”主题相关的活动，活动形式包括图文、视频和互动话题，这些活动在节日期间吸引了大量用户参与和分享，显著提升了微信公众号的活跃度和粉丝量。
   [7]

行为问题

4. **问题**：您如何保持团队的创造力和动力？
   答案示例：我通过设定具有挑战性但可达成的目标、认可和奖励团队成员的贡献，以及创造一个开放和鼓励创新的工作环境来保持团队的创造力和动力。[7]
5. **问题**：团队内部意见不一致时，您通常如何处理？
   答案示例：我会组织头脑风暴会议，让每个人都有机会表达自己的观点，并通过建设性的讨论找到一个大家都能接受的解决方案。我还会使用数据和研究结果来支持最终的决策。[7]

图 10-6　Kimi 检索整理的信息

2. 模拟真实面试

由于 AIGC 工具具备记忆上下文的功能，用户可与其模拟真实聊天场景便成为一大亮点。面试是求职者与面试官互动的过程，非常考验求职者的应对能力与谈吐水平。针对这一场景，可以使用如下提示词与 AIGC 工具进行对话。

你是一位专业面试官，而我是一位求职者，接下来我们会进行一次模拟面试。请你根据我提供的岗位信息向我提出面试问题，具体要求如下：

1. 面试要循序渐进，由浅入深；
2. 一次提出一个问题，等我作答后，你需要进行简短的评价，并继续提问；
3. 模拟面试完成后，请你对我的表现进行整体的评估。

岗位信息如下：

1. 负责自媒体平台（订阅号、视频号、微博等）账号的日常运营和维护，包括内容编辑、发布、互动，提升账号关注度与品牌认知度；
2. 追踪热点话题，负责主题策划与原创内容撰写；
3. 配合团队完成其他项目的推进和落地。

AI：好的，我可以扮演你的面试官来模拟面试。准备好了，请问你有在自媒体平台进行账号日常运营和维护的经验吗？

用户：有的，我曾经在一家传媒公司运营过一些账号。同时我也在经营、维护自己的自媒体账号，在几大平台拥有过万的粉丝。

AI：很好，那请问你在自媒体运营方面有哪些具体的策略和方法，以吸引更多的粉丝和提升账号的影响力？

…… ……

从上面的模拟对话中可以发现，AIGC 工具能够很好地扮演面试官的角色。通过不断地对话与反馈，用户便能快速积累面试经验。

另外根据面试场景的不同，用户还可以灵活地修改提示词以应对小组面试、一次性面试、多轮面试、结构化面试、非结构化面试或压力性面试等不同类型的面试，提示词示例如下。

你是一位专业面试官，请根据我给你提供的面试信息，与我展开一次严格真实的模拟面试。

1. 面试类型：压力性面试，将求职者置于一种紧张有压力的氛围中，以考查其抗压能力。

2. 面试岗位：新媒体编辑……

在文字对话之外，部分 AIGC 工具（如 ChatGPT）已推出了语音对话功能。直接使用语音进行面试更能锻炼用户的临场应变能力与口才。

越来越多的企业引入 AI 面试官、AIHR 等 AIGC 工具以筛选人员。正因如此，求职者也需积极运用这些工具来武装自己，成为新时代合格的工作者。

10.3　商业产品设计应用：智能手表的设计与落地

在现代商业产品的设计与营销过程中，创新思维与高效执行力是决胜市场的关键要素。AIGC 工具作为人工智能生成内容的前沿力量，正逐步深入各个环节，从构思阶段激发设计灵感，到可视化呈现产品概念，再到精准传递品牌价值的宣传文案编写，均发挥着重要作用，使设计团队能够更加灵活高效地应对日益激烈的市场竞争。

案例说明

一家创新型科技公司计划设计一款新的智能手表，希望融入最新技术，迎合年轻群体对"科技""智能生活"的向往。为了提高设计效率和创新性，他们决定在整个设计流程中运用 AIGC 工具。

10.3.1　寻找设计灵感

在产品设计初期，设计师往往会面临寻找新颖且符合市场需求的灵感挑战。运用 AIGC 工具，设计师可以通过输入关键词、情绪标签、风格要求等参数，利用 AI 算法从海量的设计资源和潮流趋势中挖掘、提炼出独特的设计理念。在灵感诞生阶段，AIGC 搜索、AIGC 写作、AIGC 对话等功能都能发挥作用。

1. AIGC 工具搜索信息

智能手表是一个逐渐成熟的市场，众多形态各异的产品层出不穷。AIGC 搜索引擎能迅速收集互联网资料，快速整理出一系列智能手表相关视觉素材或概念示例。结合自身专业知识进行筛选和迭代，有效拓宽创意视野，加速创新思维的碰撞与融合。提示词示例如下。

　　请为我检索关于智能手表设计的资料，具体要求如下：

　　1. 可以包括创意设计、不同形态、功能特点及用户界面概念示例；

　　2. 可以提供关于智能手表行业趋势、技术革新及消费者偏好的深度分析；

　　3. 资料内容要具有时效性，需要是 2023 年至今的。

　　Kimi 检索整理的智能手表信息结果如下。

　　根据您的要求，以下是关于智能手表设计和行业趋势的资料，包括创意设计与形态、功能特点、用户界面概念示例、行业趋势与技术革新和消费者偏好等内容。

　　创意设计与形态：

　　1. 智能手表的设计越来越注重与时尚的结合，例如 Coalesce C_001 融合了传统表盘指针与智能技术，提供了蓝宝石水晶玻璃的奢华质感；

　　2. 这款智能手表以其全金属表带和 3 部分弧形显示屏的设计脱颖而出，展现了信息呈现的简洁与魅力。

　　功能特点：

　　1. 健康监测已成为智能手表的标配功能，心率、血氧、血压监测能力逐渐成为标准配置；

　　2. 除了健康监测，智能手表也在探索更多功能，如独立通话、NFC 支付、音乐播放、遥控拍照等。

　　用户界面（UI）概念示例：

　　1. 智能手表的 UI 设计正趋向于更加直观和对用户友好，例如 Spotify Pulse 和 Instagram Android Wear Concept UI 提供了在小屏幕上有效展示信息的创新方法；

　　2. 设计师们正在探索如何通过 UI 设计提升用户体验，包括使用语音 AI 操作、优化通知显示和交互方式。

　　行业趋势与技术革新：

　　1. 智能手表市场预计将从 2024 年的 1.7138 亿台增长到 2029 年的 5.8381 亿台，显示出强劲的增长趋势；

　　2. 随着物联网、人工智能等技术的发展，智能手表作为可穿戴设备的一部分，迎来了快速发展期，国家政策支持产品研发，尤其是适合老年人使用的产品。

　　消费者偏好：

　　1. 消费者越来越倾向于选择具有健康监测和风险预警功能的智能手表，这在养老服务领域尤为明显；

　　2. 随着消费者对个人电子产品的购买意愿和能力增强，智能手表的功能完善和多样化成为市场发展的关键。

　　时效性资料：

　　1. 2023 年至今，智能手表行业国产品牌发展迅速，华为等品牌在国内市场占据重要地位，其技术创新水平和市场份额占比上升；

2. 2023 年，中国智能手表产量和出货量有所波动，但整体市场仍在高速发展时期，显示出行业的活力和潜力。

请注意，以上信息均基于您提供的搜索结果，并且包含了对智能手表设计和行业趋势的深度分析。如果您需要更详细的报告或数据，建议关注行业研究机构发布的最新报告，如华经产业研究院和前瞻产业研究院的相关出版物。

AIGC 工具不仅能有条有理地检索信息，还能附上信息来源供用户核实查阅。Kimi 的参考资料如图 10-7 所示。

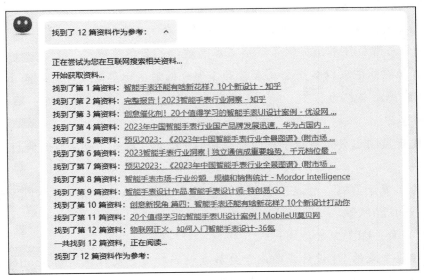

图 10-7　Kimi 的参考资料

2. AIGC 工具提出创意概念

检索信息是许多产品设计师寻找灵感、创作作品的基础与前提。而缺乏灵感之时，AIGC 工具可以从多个层面提供灵感与创意。对于一款智能手表来说，功能、外观、用户界面等细节都需要精心设计。

提示词示例如下。

请你扮演一位杰出的智能产品设计师，现在请为一款智能手表的设计提供思路。设计要求如下。

1. 灵感来源：请从当前智能穿戴设备市场的趋势、用户需求、技术革新等方面获取灵感并设计出具有创新性和实用性的智能手表。

2. 设计思路：请详细描述你的设计思路，包括手表的外观、功能、交互方式等，并解释如何将这些设计元素转化为实际的产品。

3. 考虑因素：请考虑智能手表的佩戴舒适性、功能性、安全性等因素，确保用户在使用时能够感到舒适和便捷。

4. 创新性：请强调你的设计在智能穿戴领域的创新性和独特性，以及如何通过技术创新来提升用户体验。

请确保你的设计思路具有可行性和实用性，同时能够吸引潜在用户的关注。

10.3.2　生成产品概念图或模型

在产品概念成型阶段，基于自然语言描述或草图输入，图像类 AIGC 工具可以设计产品外观、包装，3D 建模类 AIGC 工具则能建立三维模型，实现从想象到现实的快速转换。

1. AIGC 工具生成产品概念图

用户对于智能手表这类有着一定装饰属性的产品，非常看重外观样式。使用图像类 AIGC 工具可以批量生成各种类型、风格的智能手表概念图，提示词示例如下。

智能手表，电子屏幕，科技风，新潮时尚，白色，产品概念图，高细节精度

根据提示词，通义万相生成的智能手表概念图如图 10-8 所示。

图 10-8　通义万相生成的智能手表概念图

2. AIGC 工具生成产品 3D 模型

利用 3D 建模类 AIGC 工具同样能生成概念图像，并且 3D 图像更有利于设计师从各个角度进行参考，也方便建模设计师的后期修改。Luma AI 生成的 3D 模型如图 10-9 所示。

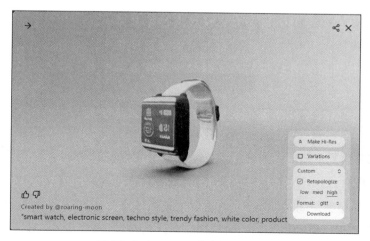

图 10-9　Luma AI 生成的 3D 模型

10.3.3 生成产品发布 PPT

使用演示文稿类 AIGC 工具还可以快速创建智能手表新产品发布会的 PPT，从而简化设计流程并提高效率。

1. 明确 PPT 主题与大纲

在通过演示文稿类 AIGC 工具生成 PPT 之前，一般需要确定 PPT 的主题和大纲。AIGC 工具允许用户以 AI 直接生成的大纲和导入已有大纲两种不同方式来生成 PPT。在这里可以直接确定 PPT 的主题提示词，以此生成大纲，提示词示例如下。

时尚与科技的交汇：智能手表新品发布会

以 AiPPT 为例，其智能生成的新品发布会大纲如图 10-10 所示。用户可根据实际需要进行修改。

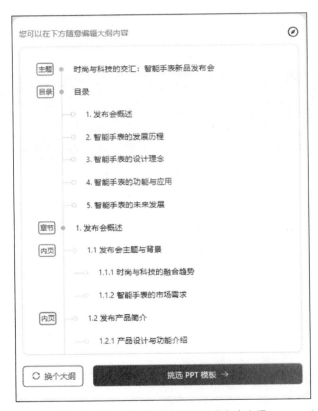

图 10-10　AiPPT 生成的新品发布会大纲

2. 生成并调整 PPT

根据"时尚与科技的交汇：智能手表新品发布会"这一主题，PPT 的风格应当融合时尚元素和科技感，同时保持专业和高端的视觉效果。这里可以使用简洁的配色方案，如简单的白色搭配一至两种醒目的有科技感且让人感觉年轻、新潮的颜色（如紫色、橙色等）。

确定好整体的风格后，便可从 AIGC 工具为用户准备的模板中挑选一套合适的并单击"生成 PPT"按钮。完整的新品发布会 PPT 很快便能生成完毕。图 10-11 所示为 AiPPT 生成的关于智能手表的 PPT。可以看到，平台也提供了在线编辑的功能，以便用户调整不满意的地方。

图 10-11　AiPPT 生成的关于智能手表的 PPT

10.4　营销运营应用：小红书自媒体账号的起号与运营

在小红书这样一个高度依赖内容创造和分享的平台上，AIGC 技术为自媒体账号起号和运营提供了全新的策略和工具，极大地提升了内容创作效率与个性化水平。本节将通过具体案例探讨 AIGC 工具在小红书自媒体账号起号与运营中的应用。

案例说明

一名热爱生活、注重品质的博主计划在小红书上开设个人账号，她擅长分享关于时尚、美食、旅行等方面的生活经验。该博主希望利用 AIGC 工具提高内容创作的效率和质量，快速吸引关注并建立个人品牌。

10.4.1　市场调研与定位

在自媒体平台创建账号的第一步往往是确定自身的定位，为未来的持续运营打下基础。这时市场调研分外重要。

利用搜索引擎类 AIGC 工具，检索互联网上与小红书用户画像相关的数据与分析文章，以此分析小红书平台上时尚、生活或旅行等方面的热门话题和用户偏好。在此以秘塔 AI 搜索的使用为例，搜索提示词示例如下。

小红书用户的内容浏览偏好是怎么样的？

针对“小红书用户的内容浏览偏好是怎么样的？”，秘塔 AI 搜索回答的内容如下。

小红书用户的内容浏览偏好主要集中在美妆、美食、母婴、家居等几个核心领域。这些领域的用户画像和消费趋势被多次提及，显示了小红书上这些内容的受欢迎程度和用户的关注点。此外，穿搭、宠物、减肥健身也是用户关注的重点领域。从用户行为数据来看，搜索行为、浏览行为、互动行为，以及对标签及话题的偏好是用户进行内容消费的主要方式。

具体到内容形式，图文内容因质量高而受到用户的认可，有 72.0%的用户认为小红书的图文内容质量高。这表明图文内容在小红书上占据了重要地位。同时，69.7%的用户会选择浏览内容加创作内容的使用模式，这可能反映了用户对于内容创作和分享的兴趣，以及他们希望通过内容创作来实现更深层次的互动和影响。

在内容策略方面，现代人偏爱有“效率”的“懒”，希望能够通过浏览内容来提高场景用途的利用率。这意味着用户倾向于寻找能够快速提供价值和解决方案的内容。此外，小红书的“种草”属性促使“晒”生活类的关键意见领袖（KOL）强势，美妆类内容领先，摄影、健身、时尚穿搭、美食类内容表现亮眼，这些都是品牌商最容易投放的品类，也是 MCN（Multi-Channel Network，多频道网络）机构重点运营的品类。

小红书用户的内容浏览偏好集中在美妆、美食、母婴、家居等领域，偏好图文内容，注重内容的实用性和效率，同时也对内容创作和分享持开放态度。

值得注意的是，秘塔 AI 搜索给出了参考资料，这些资料节省了用户自行检索的麻烦，有利于小红书运营者们进行深入分析。参考资料如图 10-12 所示。

来源

1. 小红书内容营销数据（小红书内容营销数据分析） - KOL投放策略 [2023-02-23]
2. “6·18”千瓜行业投放报告（小红书），洞察全盘数据 - 千瓜数据
3. 千瓜：2021小红书活跃用户画像趋势报告 - 新浪财经
4. 【千瓜数据】2024活跃用户研究报告 （小红书） - 腾讯调研云
5. 千瓜数据：2022年活跃用户画像趋势报告-小红书平台（附下载） | 互联网数据资讯网-199it | 中文互联网数据研究资讯中心-199it
6. 小红书用户数据分析报告2023 - 发现品质生活的全新趋势 [2023-09-19]
7. 2022年活跃用户画像趋势报告（小红书） - 姑婆那些事儿官网
8. 怎么做小红书用户分析？ - 知乎 - 知乎专栏
9. 2022年小红书活跃用户画像报告：七大行业核心人群解析 - 增长黑客 [2022-03-30]
10. 【小红书】2022年上半年小红书用户内容消费偏好洞察（附PDF文件下载） - 知乎 [2022-07-25]
11. 小红书灵感营销人群洞察报告『灵感营销·研究院』 - 新浪新闻 [2022-11-14]
12. 千瓜数据：2022年活跃用户画像趋势报告-小红书平台 [2022-03-25]
13. 2024活跃用户研究报告（小红书）_人群_内容_城市 [2024-04-17]
14. 2024 活跃用户研究报告（小红书） - 千瓜数据
15. 2022小红书消费人群分析，小红书用户消费特点洞察报告 - 报告智库 [2022-09-08]
16. 小红书系列人群洞察报告全网首发，剖析内容种草"密码"_腾讯新闻 [2022-09-16]
17. 中国小红书用户触媒习惯及消费意数据分析： 72.0%消费者认可其图文内容质量高-艾媒网 [2023-04-27]

图 10-12　秘塔 AI 搜索提供的参考资料

根据 AIGC 工具分析得出的用户画像，我们可以结合小红书热门领域和自身特长，明确内容方向。根据搜索结果，小红书的"种草"属性使生活类的 KOL 表现强势，美妆类内容领先，摄影、健身、时尚穿搭、美食类内容表现也非常亮眼。因此经过充分考虑，为发挥个人特长，该博主在这里可以选择都市女性的时尚生活类作为主要领域。

10.4.2　AIGC 工具辅助小红书账号搭建

确定了小红书账号的定位，也就确定了未来的发展道路，接下来就可以着手创建账号了。创建账号需要完善小红书账号资料，如头像、名称、简介等。头像和昵称应该与账号定位相符，简介则需要简洁明了地传达账号的核心价值和特色。

1. 利用 AIGC 工具生成小红书头像

使用图像类 AIGC 工具，如文心一格、通义万相等，根据账号定位生成具有生活感和辨识度的头像。

既然小红书账号定位为都市女性的时尚生活，头像可以选择一张优雅的女性形象照片，可以是专业的模特照片，也可以是博主自己的照片。照片中的女性形象应该展现出时尚、优雅、自信的气质，与账号的定位相符，并且要凸显简洁的线条或流行的色彩搭配。这样的头像既能够突出账号的时尚定位，又能够展现出独特的审美品位。根据以上内容，确定的提示词示例如下。

都市时尚女性头像，简约线条，平面绘画风格，色彩明丽。

通义万相生成的头像如图 10-13 所示。

图 10-13　通义万相生成的头像

2. 利用 AIGC 工具生成小红书账号名称与简介

账号名称与简介是直接呈现账号内容的关键通道，也能简单直接地表达出小红书运营者的性格、特长、价值所在。借助 AIGC 工具生成账号名称与简介的提示词示例如下。

我是一名小红书运营者，正在筹备创建小红书账号。请你根据我提供的信息与要求，为我设计账号名称与简介。

我的信息如下。

1. 账号定位：都市女性的时尚生活。

2. 账号主要发布内容：化妆品、穿搭、时尚资讯、生活 Vlog。

3. 账号主要面向群体：35 岁以下年轻女性。

我的要求如下。

1. 账号名称要具备时尚感、易读、好记、具备吸引力。

2. 账号简介要能体现我的主要创作内容、价值、特长。

3. 账号名称和简介可以使用 emoji（表情包）等有趣的符号，以匹配小红书的风格。

图 10-14 所示为 AIGC 工具生成的小红书账号名称与简介，博主可以选择在参考借鉴、稍做修改后使用。

1. Glow Up Diary🧴

○ 探索都市时尚，记录美丽日常。👜📷 每日分享化妆品测评、个性穿搭技巧、前沿时尚资讯，以及我的真实生活 Vlog。让我们一起成为更好的自己！

2. Urban Glam Guide💫

○ 您的都市时尚生活指南。💄💃 深入化妆品世界，引领穿搭潮流，捕捉时尚动态，体验生活点滴。为35岁以下的时尚女性打造的个性生活空间。

3. Chic Vibes City🏙

○ 穿梭在都市的时尚脉络中，Chic Vibes City带给你最新的化妆品推荐、穿搭灵感、时尚新闻和生活日志。📷💅 与我一同感受都市的时髦气息，活出你的风采！

在设计账号名称和简介时，考虑了易读性、记忆力和吸引力，并使用了emoji符号以匹配小红书的活泼风格。同时，简介中明确了账号的主要内容和面向的群体，以及希望传达的价值和个性特点。

图 10-14 AIGC 工具生成的小红书账号名称与简介

10.4.3 AIGC 工具辅助小红书内容创作

在小红书，用户发布的内容被称为"笔记"。笔记的形式一般为图文或视频。因此筹备文字、图片或视频内容是运营者经营账号的重要环节。在社交平台，尤其是在小红书这样的视觉和故事驱动的社区中，AIGC 工具能够辅助运营者生成引人入胜的文本、精美的图像等内容，方便运营者创作小红书内容素材。

1. 小红书笔记标题生成

在小红书，一篇笔记是否能成为"爆款"，标题是最关键的因素之一。标题是用户在浏览时首先看到的内容，它决定了用户是否会点击进入阅读正文。一个引人入胜、具有吸引力的标题能有效吸引用户的注意力，促使他们产生好奇心或共鸣。

小红书笔记标题一般需要精练简明、包含主题关键词、解决痛点、具备创新性与独特性、有号召力、符合目标用户喜好。

通过设计提示词可轻松让 AIGC 工具批量生成吸引人的小红书笔记标题。小红书笔记标题的提示词公式如图 10-15 所示。

图 10-15　小红书笔记标题的提示词公式

根据公式，提示词示例如下。

我是一名都市女性时尚生活领域的小红书博主，请你为我的小红书笔记生成 10 个标题。我的小红书笔记主题是：5 种女生的春季通勤穿搭。

你生成的小红书笔记需要遵循以下原则。

1. 精练简明：标题应控制在 20 字以内，要求言简意赅，快速传达核心价值。

2. 包含主题关键词：明确指出笔记主题，使用时尚穿搭领域常被搜索的相关词汇。

3. 解决痛点：触发职场女性痛点，激发其阅读兴趣。

4. 具备创新性与独特性：避免过于平淡无奇，尝试新颖独特的表达方式，引发用户的好奇心。

5. 有号召力：可以采用提问式、建议式或悬念式的标题，促使用户产生行动意愿。

6. 符合目标用户喜好：用上班族女性喜欢的语言风格和热点话题撰写标题。

AIGC 工具生成的小红书标题如下。

1. 早春职场穿搭大挑战：5 种方案让你成为办公室焦点！

2. 通勤不再单调！5 种春季穿搭让你脱颖而出

3. 上班也能时尚不重样，揭秘 5 种春季通勤搭配秘诀

4. 每日穿搭烦恼终结者：一周 5 天，通勤也能尽显优雅风尚

5. 解密春季通勤衣橱：5 种穿搭提案，谁说工作不能美翻天？

6. 高效职场人士必备！5 种春季通勤风格，兼顾温度与风度

7. 一键解决换季难题，这 5 种春季通勤穿搭你值得拥有！

8. 拒绝平庸！5 种独特通勤穿搭助你在职场自信绽放

9. 你的春季职场战袍已上线，这 5 种穿搭你选择哪一套？

10. 都市丽人看过来，5 种春季通勤新风尚，你准备好了吗？

2. 小红书正文生成

小红书提倡分享真实生活，其内容无论是"干货"，还是生活分享，往往生动有趣、语言亲切。AIGC 工具已充分理解了小红书内容的这一特点，只要在提示词中提及相应的风格关键词，AIGC 工具便能生成相应风格的文案。

风格提示词示例如下。

故事性与情境性：通过讲述个人经历或故事，让读者产生共鸣，增强文章的吸引力。

亲切感：使用口语化、接地气的语言，让读者感觉像是在与朋友交谈。

幽默感：在分享中加入幽默元素，如时新的流行语等，使内容更加生动有趣。

实用性：提供实用的信息或建议，解决实际问题。

互动性：鼓励读者参与讨论，增强文章的互动性。

另外，在设计生成正文的提示词时，还需要定义你要创作的内容类型和目标受众。比如针对上述"女生春季通勤穿搭"，可以详细说明每一套穿搭的亮点、适用场合及搭配理由。再向 AIGC 工具提供足够的背景信息、产品特点或具体情境，以便它能生成具有针对性和实际意义的正文。生成正文的提示词公式如图 10-16 所示。

图 10-16　生成正文的提示词公式

根据公式，设计提示词如下。

我是一名都市女性时尚生活领域的小红书博主，请你为我的小红书笔记生成正文。我的小红书笔记主题是：5 种女生的春季通勤穿搭。

正文需要包括：

1．5 种穿搭的介绍；

2．这样穿搭可以实现的价值；

3．号召用户学习模仿这 5 种穿搭。

正文内容需要保证：

1．具备故事性与情境性，让用户看了有身临其境之感；

2．具备实用性与指导性。

AIGC 工具生成内容如下。

早晨的阳光透过落地窗洒进办公室，一切都在苏醒，你的衣橱是否也在等待一场焕然一新的蜕变呢？今天，就让我们一起探索 5 种不同风格的春季通勤穿搭，让你在繁忙的工作日也能轻松展现自信与风采！

Ⅰ．知性优雅风

春季通勤穿搭少不了从经典干练的套装开始——浅米色西装外套与配套的裙装相得益彰，内搭一件简约白色衬衫。这种穿搭既能体现职业素养，又能在商务场合展现女性独特的知性美，让你在会议间游刃有余！

Ⅱ．都市休闲风

从周末过渡到工作日，你需要的是舒适的牛仔裤与质感柔软的宽松毛衫的组合。

再配上一双尖头平底鞋和一个精致的手提包，整体造型既不失职场感，又能释放出闲适自在的气息，让周一早晨的地铁站成为你的 T 台秀场！

Ⅲ．温婉淑女风

飘逸的长裙无疑是春季里一道亮丽的风景线。选择一款粉色碎花连衣裙，外搭一件薄款卡其色风衣，既保暖又显瘦，还能巧妙地融入季节的浪漫气息。这样的穿搭不仅能凸显温婉女性特质，更能为你带来一天的好心情。

Ⅳ．极简高级风

极简主义爱好者不可错过黑白灰的碰撞。黑色高腰阔腿裤搭配纯白色丝质衬衫，利落剪裁和线条流畅的设计诠释低调奢华。配饰上可以选择金色细链项链和精致腕表，彰显职场女性的冷静与从容，瞬间提升气质。

Ⅴ．活力运动风

想打破常规？尝试一下混搭运动元素吧！一件修身卫衣与半身 A 字裙的组合，脚踩一双小白鞋，轻松打造活力十足的通勤装扮。这样的穿搭不仅可以展示你的年轻态与活力，还能在保持舒适度的同时，传达出勇于创新、敢于挑战的职业态度。

不论你是哪种风格的都市丽人，在这个春天，都可以尝试这些时尚而实用的穿搭法则，让自己在职场道路上更加自信迷人。快打开你的衣橱，尝试着去演绎属于你的春季通勤故事，记得@我分享你们的美丽瞬间哦！

3. 小红书配图生成

小红书的图文属性非常强，每一篇笔记都需要配上封面图，因此图片也是吸引用户注意力的重要窗口。常见的小红书笔记封面图如图 10-17 所示。

图 10-17　小红书笔记封面图

在缺乏图片素材时，运营者自然可以运用 AIGC 工具生成与时尚生活相关的高质量图片，确保图片具有原创性和视觉吸引力。

在时尚穿搭领域，小红书用户非常乐意看到精美的服装、箱包、模特图片。表 10-2 中的提示词能够用于生成大量具备美观性的图片。

表 10-2　时尚穿搭领域图片生成提示词

类别	提示词示例
图片风格	优雅复古、简约平面、时尚摄影、古典油画、文艺清新
色彩描述	暖色系、冷色系、中性色（经典黑、米白）、撞色搭配（红黑配、蓝白配）
材质描述	丝绸般柔滑、棉麻质感、皮革光泽、蕾丝花边、珍珠镶嵌
服装细节	修身剪裁、宽松版型、荷叶边装饰、立体剪裁、镂空设计
光线与背景	柔和日光、时尚杂志背景、复古画室、街头风格背景、奢华酒店大堂
情感与氛围	浪漫约会、休闲度假、商务通勤、时尚派对、甜美日常
模特与姿势	优雅站姿、随意行走、低头微笑、侧身回眸、时尚摆拍

时尚领域的小红书博主需要根据笔记内容合理选择并搭配提示词，以便生成足够美观、符合笔记内容的图片。以生成展现"上班通勤"的封面图为例，可运用以下提示词。

知性优雅的职场女性，浅米色西装外套搭配套装裙，办公室背景，文艺清新风格

使用文心一格生成的小红书时尚穿搭配图如图 10-18 所示。

图 10-18　使用文心一格生成的小红书时尚穿搭配图

4. 视频脚本创作与视频生成

小红书的视频内容是平台内容生态中的重要组成部分，它们通常时长适中，便于用户在碎片化时间观看；画面高清美观，剪辑流畅，音乐搭配得当，能带给用户良好的视觉和听觉体验。这些视频与图文笔记相结合，共同丰富了小红书的内容形式。利用 AIGC 工具生成视频脚本，甚至直接生成视频，可以为创作时尚穿搭、生活 Vlog 等视频内容打下基础。

（1）借助 AIGC 工具生成时尚博主生活 Vlog 脚本

借助 AIGC 工具生成视频脚本，需要提供视频主题、视频时长、视频结构、主要情节等架构性的内容，再将其组织成完整提示词。提示词示例如下。

我是一名小红书时尚领域博主，请你为我设计一份时尚穿搭视频的脚本，具体要求如下。

1. 主要内容：视频内容为 5 种女生的春季通勤穿搭，风格包括知性优雅风、都市休闲风、温婉淑女风、极简高级风、活力运动风。

2. 视频时长：控制在 1 分钟左右。

3. 视频结构：包括开场、正文、结束语。

（2）借助 AIGC 工具生成视频素材

由于版权保护等约束，获取视频素材并不是易事。AIGC 工具足以生成数秒的优质视频，这就为短视频制作者提供了视频素材来源。

视频素材生成提示词需要简洁。时尚领域的小红书博主更需要有效地描述视频的内容元素，再确定其动态效果，使其体现时尚、新潮、优雅、浪漫等足够吸引时尚爱好者的风格。一些常见的时尚领域视频素材生成提示词如下。

年轻女性在衣柜前翻找衣服，明媚光线，暖色调。

一朵带有露珠的玫瑰在盛放，特写镜头。

镜头缓缓推进，展示几位衣着时髦的都市女性正在享受下午茶时光。

以视频生成工具 Runway 为例，其生成的视频截图如图 10-19 所示。

图 10-19 Runway 生成的视频截图

下载生成的视频并将其剪辑进自己的视频中，可以大大提高视频制作的效率。

10.5　日常生活应用：全能助手

除了学习、工作等专业性和实操性都很强的领域，AIGC 同样能在人们的日常生活中发挥或大或小的作用。下面从衣、食、住、行出发，介绍 AIGC 在人们日常生活中的运用。

10.5.1　AI 穿搭助手

在需要穿搭的场景中，用户可向 AIGC 工具输入自己的体型、肤色、喜好、场合需求等信息，要求 AIGC 工具自动生成个性化的穿搭建议，包括衣物款式、颜色搭配、配饰选择等。提示词示例如下。

我周末要参加朋友聚会，请你根据我的信息为我推荐合适的穿搭。

我的性别：男。

我的身高、体重：170 厘米、65 千克。

我的穿衣喜好：休闲风。

AIGC 工具提供的搭配建议如下。

当然，基于您的信息，我为您推荐以下休闲风格的服装穿搭。

1. 上衣选择

T 恤：选择一件质地舒适、颜色中性的 T 恤，比如深蓝色或黑色，这些颜色比较百搭，也容易搭配其他单品。

连帽卫衣：如果您喜欢更有层次感的穿搭，可以选择一件连帽卫衣，颜色可以与 T 恤相搭配，如浅灰色或白色。

牛仔外套：若聚会场所在户外或较凉爽，一件轻便的牛仔外套是不错的选择，既保暖又能增加时尚感。

2. 下装选择

休闲裤：选择一条宽松舒适的休闲裤，颜色可以是黑色、深蓝色或卡其色，与上衣颜色相协调。

牛仔裤：经典的牛仔裤也是不错的选择，尤其是直筒或微喇的款式，能显得腿部修长。

3. 鞋子与配饰

运动鞋：一双舒适的运动鞋是休闲风格的标配，白色、黑色或灰色都是不错的选择。

帆布鞋：若您喜欢更轻松的穿搭，帆布鞋也是很好的选择。

帽子：可以搭配一顶棒球帽或渔夫帽，增加整体造型的时尚感。

背包：一款简约的背包，如双肩包或斜挎包，可以方便您携带所需物品。

4.　穿搭建议

T 恤+休闲裤+运动鞋：简单舒适的搭配，适合轻松愉快的聚会场合。

连帽卫衣+牛仔裤+帆布鞋：时尚休闲的穿搭，适合展现您的个性。

牛仔外套+T 恤+休闲裤+运动鞋：层次感较强的穿搭，适合在稍凉的天气里穿。

请根据聚会的具体场合和您的喜好选择合适的穿搭，祝您聚会愉快！

另外，一些更加先进的 AIGC 工具结合图像与人像技术，推出了虚拟试衣的功能。如 AI 虚拟穿衣平台 Outfits AI 便支持用户上传自己的照片并选择衣物，进而生成相应服装的试穿照片，效果如图 10-20 所示。

图 10-20　Outfits AI 的虚拟试衣效果

10.5.2　AI 营养师

结合 AIGC 和用户的健康数据（如基础代谢率、变应原等），AI 营养师能够为用户提供一日三餐的营养均衡菜单，同时还可提供食材采购清单和烹饪指导。

以为我生成一份针对 BMI 值和基础代谢率的一周健康饮食计划为例，常见的提示词模板如下。

根据我的[糖尿病/高血压]情况，制定适合我的饮食方案。

生成不含[变应原，如花生/麸质]的一日三餐菜单。

提供一份营养均衡的[晚餐]菜单，包含足够的[蛋白质/纤维]。

提供[菜品名称]的烹饪步骤，包括所需食材和烹饪技巧。

基于 ChatGPT 等 AI 大模型，许多健康、营养、饮食方面的专门工具逐渐进入市场，为用户提供了更多专业化的健康生活选择。图 10-21 所示为 AI 虚拟营养师 KiteGPT 的功能界面。

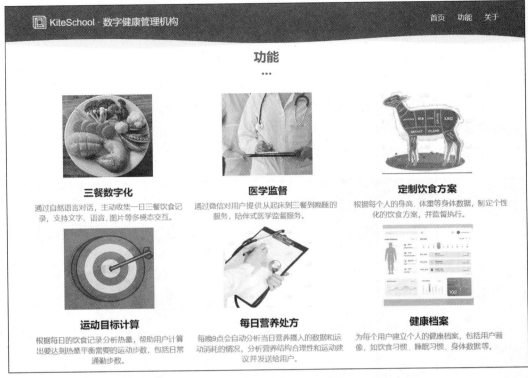

图 10-21　KiteGPT 的功能界面

10.5.3　AI 室内设计

　　家是人们温馨的港湾，拥有一个美丽舒适的家是许多人的梦想。正因如此，装修就成为一个必须慎重考虑的课题。图像类 AIGC 工具在室内设计领域也取得了许多突破，该领域的工具支持用户上传自己的房间照片，并根据照片快速生成室内设计方案。表 10-3 所示为常见的室内设计 AIGC 工具。

表 10-3　常见的室内设计 AIGC 工具

工具名称	特点或优势
Dreamhouse AI	用户上传房间照片后，平台自动生成室内设计方案，可提供超过 35 种风格的方案
REimagine Home	通过检测房间类型并了解用户的风格偏好生成设计方案，提供多种设计功能
Interior AI	提供 20 多种装修风格设计，实时渲染房间设计效果
AI Room Planner	根据房间照片生成装修设计的渲染图像，有 16 种装修风格可选，免费且无限制

　　这些 AIGC 工具将根据用户上传的房间照片生成风格各异的设计方案，效果如图 10-22 所示。

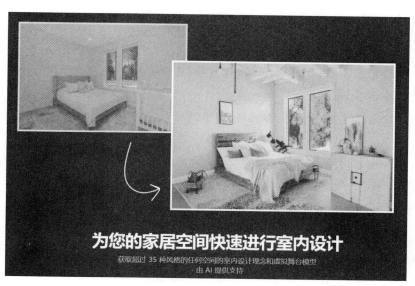

图 10-22　AIGC 工具完成的室内设计

10.5.4　AI 出行与旅游规划

AIGC 同样可应用于出行与旅游规划。结合实时交通信息、用户偏好和出行目的，AIGC 工具不仅能提供最优路线规划，还可以生成丰富多样的旅行攻略，包括景点介绍、美食推荐、天气查询等一站式服务。

以百度地图为例，其搭载的智能助手"小度"便提供了智能对话的功能。用户可自由提问，咨询天气、旅游地推荐、出行情况等信息。图 10-23 展示了百度地图智能助手的对话界面。

图 10-23　百度地图智能助手的对话界面

使用提示词对话，AIGC 工具便能快速规划安排、提供建议。常见的出行旅游提示词示例如下。

路线规划：我需要从[起点]到[终点]的最快路线。

交通方式选择：比较从[地点 A]到[地点 B]的飞机、火车和汽车旅行时间及费用。

旅行攻略生成：为我生成一个为期[天数]的[目的地]旅行攻略。

景点推荐：推荐[目的地]的必游景点，包括文化地标和自然景观。

美食指南：列出[目的地]的当地美食和热门餐厅。

住宿建议：根据我的预算，提供[目的地]的住宿选项。

天气查询：告诉我[旅行日期]在[目的地]的天气情况。

旅行预算规划：帮我制定一份[金额]以内的[目的地]旅行预算。

文化活动信息：在[目的地]，[旅行日期]有哪些文化活动或节日庆典？

旅行必备物品清单：生成一个前往[目的地]旅行的必备物品清单。

紧急情况准备：告诉我，如果遇到[紧急情况，如丢失护照/生病]，在[目的地]应该怎么做。

家庭旅行规划：为我的家庭（包括[孩子年龄]的小孩）规划一个合适的[目的地]旅行方案。

除了衣、食、住、行，AIGC 技术在日常生活的各方面都有广泛的应用，有待人们主动探索与学习。通过智能化、个性化的服务，这一技术极大地提升了生活质量与便利程度，真正实现了日常生活中的全方位陪伴与协助。

实训板块

实训项目：跨工具协作完成"AIGC 宣传日"活动。

以班级为单位策划"AIGC 宣传日"活动，调研校园内人们对 AIGC 技术的兴趣点和需求。设计并制作宣传海报、横幅和传单，设置不同的 AIGC 技术体验区，如 AI 绘画、AI 音乐创作、AI 写作等，在校园内进行活动的广泛宣传，吸引学生参与。在策划活动的过程中，注意充分利用各类 AIGC 工具。